Reference Manual of Flood Control and Rescue

防洪抢险参考手册

主编　　毛昶熙　　段祥宝　　毛　宁
　　　　谢罗峰　　李景娟　　吴金山

南京水利科学研究院　资助出版

黄河水利出版社
·郑州·

图书在版编目(CIP)数据

防洪抢险参考手册/毛昶熙等主编. —郑州:黄
河水利出版社,2021.5
ISBN 978-7-5509-2781-0

Ⅰ.①防… Ⅱ.①毛… Ⅲ.①防洪-手册 Ⅳ.
①TV87-62

中国版本图书馆 CIP 数据核字(2020)第 151209 号

出　版　社:黄河水利出版社　　　　　　　　网址:www.yrcp.com
　　　　　地址:河南省郑州市顺河路黄委会综合楼14层　　邮政编码:450003
发行单位:黄河水利出版社
　　　　　发行部电话:0371-66026940、66020550、66028024、66022620(传真)
　　　　　E-mail:hhslcbs@126.com
承印单位:河南瑞之光印刷股份有限公司
开本:787 mm×1 092 mm　1/16
印张:10.25
字数:138 千字　　　　　　　　　　　　印数:1—1000
版次:2021 年 5 月第 1 版　　　　　　　　印次:2021 年 5 月第 1 次印刷

定价:50.00 元

序

由于特殊的地理和气候条件，我国 2/3 以上的国土面积受季风气候的影响。我国是一个洪涝灾害频频发生的国家，根据 2 000 多年的资料统计，平均大约两年发生一次较大的流域性洪涝灾害。每年的汛期，都要投入大量的人力、财力和物力用于江河湖库的防洪抢险。在防汛减灾工作中，抢险固然重要，但是险情一旦发生，就会增加工程的安全隐患，如果能及时地检查分析工程的薄弱环节，强化运行管理，掌握险情发生的机制、原因及发生、发展过程，就可以及时采取预防和治理措施，降低险情发生风险。

毛昶熙先生的新作《防洪抢险参考手册》是其十年前主编出版的《堤防工程手册》的续篇。全书以博大精深的学识，简洁明了的语调，从江海堤防、护坡工程、水库大坝、水闸、涵洞等五大类水利工程，深入浅出地介绍了可能发生的各种工程险情的检查、诊断、处置方法和治理措施，并附有图例及说明百余幅和大量的表格数据，既有深厚的理论基础，又有实用先进的技术，更具有实践指导意义，可供防汛工程技术人员参考。相信本手册的出版，将对防洪抢险一线工作起到积极指导作用。

毛昶熙教授是我国著名的水利水电工程专家，从事水利工程科研工作近八十年，在水工水力学、地下水渗流方面具有很深的造诣，是我国地下水渗流研究重要奠基人之一，也是我国水工模型试验研究、渗流控制技术及模拟研究等领域的开拓者之一，培养和造就了大批水利工程技术专家和学者。1988 年退休后直至百岁高龄，毛昶熙老先生仍每天耕耘在水利科研第一线，继续为我国水利建设事业不断做出贡献。作为百岁老人，每天坚持在办公室查阅资料，在大倍数放大镜下一行行写作，这需要多大的毅力和坚持才能完成手册撰写？这正是老一辈科学家毕生追求科学，具有极高的人格魅力与科研素养的写照。每当想到一个百岁老人伏案工作的情景,内心深处就充满了钦佩,所以当毛老提出希望我为此手册写序时,欣然应之,以此表达我对毛昶熙先生的深切敬意。

中国工程院院士、英国皇家工程院外籍院士、南京水利科学研究院院长

张建云

2019 年元月　于金陵清凉山麓

目　录

前　言

　　每年夏季江河水库都要忙于防汛防洪工作,投入大量的人力、财力、物力,一有不慎还会发生险情,甚至决口溃坝洪水泛滥成殃。因此,需要有一本普及性的简明防洪手册,供防洪防汛人员掌握洪水险情发展的有关知识,以便能因地制宜地灵活采取适当的险情防治措施,将有助于减轻洪水灾害,安度防汛期。

　　根据过去调研堤防水库水闸的经验(见参考文献[1][2][3][4][6][7]),编写简明防洪手册应首先罗列可能发生的洪水险情,并要识别险情的严重性,以便权衡是否即刻采取抢险措施或再观察分析险情发展趋势后采取防治措施。这样也就需要编写各种因地制宜的抢险防治措施,供防洪人员选用,而且要附上险情和抢险防治措施的简明图示(见参考文献[5])。

　　抢险固然是防洪首要任务,但若能预防险情发生和发展仍属上策。这样就需要检查工程薄弱环节,强化运行管理,了解可能出现险情的原因,以及分析核算等基本概要知识和防治措施。在编写中碰到的概念不清的疑难问题,也做了分析加以说明洪水暴涨所发生的险情简介,主要就是堤、坝、闸等挡水建筑物和河谷岸坡被地上水冲刷和地下水渗流冲蚀造成的,所以也应对这两种水力破坏力的基本概念有所了解。例如水流冲刷力与流速密切相关。渗流不易测得流速,则以渗流坡降或水头压差表示其冲蚀力的大小等。对于挡水建筑物及其地基和防洪材料的抗冲能力也要了解其工程性质,例如土类中的粉细砂,其抗冲能力最差,自然也就容易出现险情等。能了解这些破坏力与抗破坏力之间的相互关系,就有助于加强对险情发展和严重性的识别能力,采取合理的抢险防治措施。于是最后就把这两种水力破坏中的主要指标(渗流坡降与水流速度)的安全值或不冲临界值和应用算法编在书末的表 A-2 及附录中,供评估工程安危时参考。

　　基于以上思想,编写成册,内容包括:江海堤防岸坡、水库水闸等五大类,水利方面民生工程的防洪险情四十余项,图例说明过百幅,希望有助于防洪减灾,可以作为十年前为响应联合国号召"减灾活动"编写出版的《堤防工程手册》的续篇。欢迎讨论指正。

第 1 章　江河堤防管涌决口等险情

1.1　堤防破坏形式及原因

　　预先了解一下江河堤防破坏形式将有助于概括了解堤防破坏险情有哪些内容,再了解破坏主要原因来自地上水冲刷和地下水冲蚀等的外力,以及土层结构的阻抗力,有助于采取控制抢险措施。由于原因不同,其发生的破坏现象也就不同,从剖面图上看,如图 1-1 所示,说明如下:

　　图 1-1(a)是砂层地基的承压水顶穿表层弱透水粉质壤土或淤泥土的薄弱环节,发生局部集中渗流形成流土现象(泉涌),并继而向地基的上游发展形成连通的地下管道。此时如果大管涌通道失去拱的作用,堤身即下沉、出现裂缝而导致破坏,严重者还会在临水侧堤脚附近引起河水面发生漩涡。美国密西西比河的经验是,当渗透坡降 $J = 0.4 \sim 0.7$ 时,地面即发生严重渗流;当渗透坡降 $J = 0.5 \sim 0.8$ 时,则发生管涌砂沸。我国新沂河等地的经验也大致如此。这主要与土质和分布的不均匀程度有关。

　　图 1-1(b)是背水坡脚大面积发生小泉涌的砂(土)沸现象,使坡脚软化或受浮力后失去支承力而引起大滑坡,如图中的大圆弧所示。发生砂沸软化的来水可能是砂基的承压水,也可能是沿弱透水覆盖层上面较透水薄层粉土渗过来的表层水。引起滑坡的原因还可能是由于堤本身渗水面造成背水坡软化的结果。在这种情况下会在浸润线出渗点造成局部小滑坡,如图中的小圆弧所示。

　　图 1-1(c)是由于堤本身或地基的渗流,外部出口处的管涌开始逐渐将细颗粒带走,直至坡面破坏。浸润线出渗点处的土粒首先被冲蚀沿坡面向下移动,堆积于坡脚,逐渐在坡面形成局部凹陷和

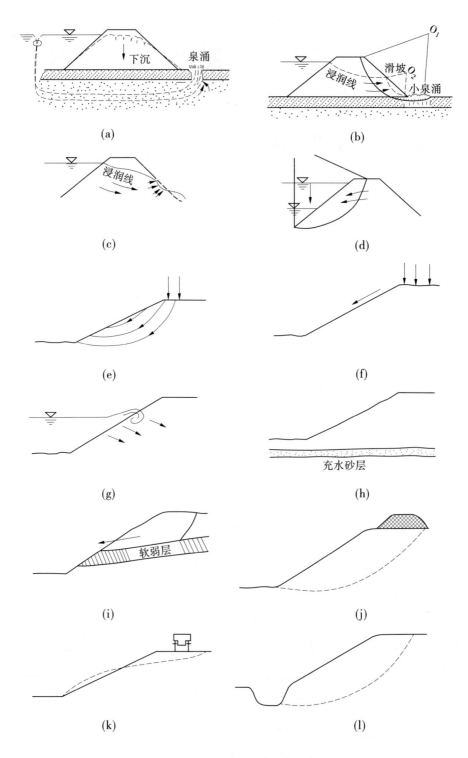

图 1-1　堤防的破坏形式

小沟,或者沿堤底接触面及堤体内碾压不实或较透水的薄层和沿堤体内输水管的接触面等形成集中渗流通道,造成冲蚀破坏。

图 1-1(d)是临水坡由于水位骤降,孔隙水压力来不及消散而发生大滑坡(多在下降水位的附近坍滑)。如果临水侧受河流淘刷,就更易造成滑坡。

图 1-1(e)是降雨入渗造成的滑坡,多发生在阴雨连绵很久时,因为这时堤体全部处于饱和状态,孔隙水压力增大,抗剪强度降低;同样,在堤顶或岸坡顶有积水因渗漏也将造成滑坡。

图 1-1(f)是雨水对堤坡表面的冲刷,由于堤坡排水不好,在暴雨时造成雨淋沟剥蚀坡面。

图 1-1(g)是波浪袭击坡面,如果护坡块石下没有滤层作垫层,就会把土淘刷流失,使坡面坍陷。

图 1-1(h)是堤体内有承压水的薄砂层,将形成流砂和顶托其上的土体,危及堤坡稳定。

图 1-1(i)是堤体内有软弱夹层,降低了堤坡的抗滑稳定性。

图 1-1(j)是堤坡肩堆积静荷载,也将会造成坝肩局部的滑坍破坏。

图 1-1(k)是堤坡肩的动荷载振动,将使坡顶局部破坏。同样在地震作用下,将会造成顺堤的裂缝及大滑坡。

图 1-1(l)是在坡脚下挖坑危及堤的稳定性。

以上描述的堤岸坡的破坏,图 1-1(a)~(d)是明显的渗流破坏,图 1-1(e)~(i)也是与渗流孔隙水压力密切相关的,这更进一步说明渗流对堤防破坏的重要性。总括堤防的破坏形式,属于渗流稳定性问题的可大致分为两类:①个别部位的集中渗流冲刷问题;②整个堤体范围内的渗流作用力问题。前者的集中渗流局部冲刷问题,是沿着渗流阻力小的薄弱环节发生的,属于管涌或局部流土及接触冲刷的类型,包括图 1-1 中的(a)、(b)、(c)、(g)、(h)等的破坏形式;后者普遍存在的渗流作用力问题反映在滑动坍坡问题上,包括局部堤坡的大滑坡。关于图 1-1 中(a)、(b)及(c)小坍坡等局部渗流破坏形式多发生在砂性土;大滑坡的破坏,如图 1-1 (b)、(d)所示,它区别于局部稳定性,常被称为一般稳定性,多发生在黏性土。

1.2 管涌险情

江河中下游堤基土层多是植被黏土覆盖层下为深厚砂层。洪水暴涨,堤内地面薄弱环节会被砂层渗流承压水顶破形成洞口冒水翻砂,如图 1-2 所示,称为管涌。此项险情,在涨水期间还会逐渐冲蚀粉细砂,向上游发展到堤前河床(如图中的 1、2、3、4)形成管涌通道,甚至堤前水面发生漏斗漩涡、堤身下沉、裂缝、决口。

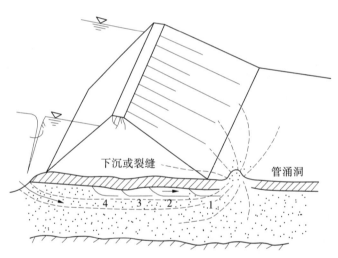

图 1-2 堤坝砂基渗流管涌险情示意图

有时地下冲蚀发展迅速,来不及抢险。如图 1-3 所示,匈牙利多瑙河 1961 年洪水时,河水位只有 3 m 水头差,在堤脚附近就发生了直径 1 m 的管涌险情,喷水高度 1.5 m。2 s 后在堤前 10 m 处的水面发生了漏斗漩涡。1~2 min 内管涌喷出浑水洞口扩大为 4~5 m,喷水高度减为 0.5~0.6 m,2~3 min 内堤顶堤坡崩坍决口 4~5 m 扩大到 12 m。此例管涌导致决口的险情过程如此迅速发展的原因,据原作者分析,是地面覆盖土层薄,厚仅 1~2 m;其下砂层松散,气泡多,占砂层的 2%~30%;砂层渗透坡降已经大到 0.1 等。

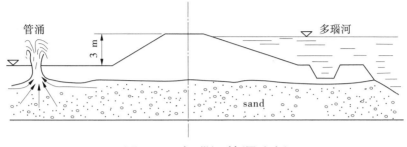

图 1-3　多瑙河管涌实例

　　堤防像上述管涌险情导致决口破坏的具体事例在国内外是很多的,例如,美国密西西比河下游在 1929 年洪水时,距背水堤脚约 15 m 处出现大泉涌洞,冲出的砂堆积约高 1 m,砂环直径达 7~8 m,最后导致堤身下沉。西德莱茵河堤曾在背水侧发生直径 1~4 m 的管涌洞口,根据 1978 年洪水过程的测验,河水位水头 3.5 m 时,背水侧剩余水头有 45%,渗流坡降约 0.1 时即大量管涌冒砂;历史上最大的管涌冲刷坑直径 100 m,深 10 m。我国长江马鞍山水泵站的江堤、福建九龙江紫泥海海堤第五号港口堵口合龙(1967 年)等,都是砂基发生大管涌洞使堤身下沉破坏的。江苏新沂河北堤也曾于 1963 年洪水时在背水堤脚冲穿直径 1 m 的大洞,经用草包抢堵才停止发展;同时由于背水坡面严重渗水,造成大滑坡趋势,当时是用 40 根木桩打入临滑坡面抢救才免于危险。

1.3　管涌险情识别问题

　　因为管涌发展过程,眼看不见,难以识别其严重性,常是江河大堤决口的重要险情,也容易造成抢险盲目性。因此,需要有识别管涌发展的鉴别方法指标。根据堤基土层结构(黏性土覆盖层下砂层)管涌试验研究,砂层承压水顶破覆盖层就形成喷浑水砂粒的管涌后,能持续向上游发展的冲蚀力就是渗流坡降,其水平渗流临界坡降 $J_x = 0.1$(安全考虑可取 0.07)。即沿砂层渗流的水压坡线为坡度 1/10 的直线,也即水流压力每 10 m 渗径长度就要损失 1 m 水头,才能向上游冲蚀发展形成通道。这样就可即时算出洪水时发生管涌的安危距离。如图 1-4 所示,洪水位高出管涌出口地面的水头为 H,管涌距堤防距离为 L,则临界坡降值 $J_x = H/L = 0.1$,当 $H = 5$ m 时,安危临界距离 $L = 5/0.1 = 50(m)$,当 $L < 50$ m 时就要即时抢险。

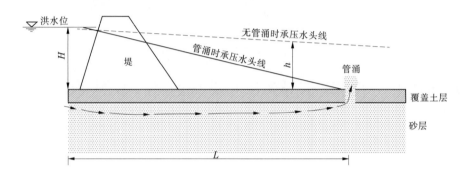

图 1-4 堤基砂层承压水头线

若堤防有板桩或防渗墙帷幕,如图 1-5 所示,则可展开沿板桩前后面的渗径长度乘 3 作为水平长度考虑(试验和计算都说明抗渗能力);垂直渗径是水平渗径的 3~6 倍(板桩上游面的阻力大于下游面),即 $J_y = (3 \sim 6)J_x$,安全计算系数取 3(板墙深入砂层半深以内,不必截断砂层,影响河水与地下水的联系调节作用),这样就可认为总渗径长度是地面水平距离 L_x 与板桩展开长度之和,即 $L = L_x + 3(2S)$,仍取临界坡降为 0.1,则由 $\dfrac{H}{L_x + 3(2S)} = 0.1$ 可得计算通用公式为

$$L_x = \frac{H}{0.1} - 3(2S) = 10H - 3(2S) \tag{1-1}$$

例如 $H = 5$ m,$S = 4$ m,算得堤内地面发生管涌距堤防的临界距离 $L = 26$ m,在此距离内应考虑抢险。为安全计,可取 L 是离堤脚的距离。若是没有板桩墙的一般大堤,由式(1-1)可知,离堤脚 10 倍水头距离范围内的地面发生管涌就能危及大堤的安全。

关于管涌险情识别问题,最后再举调研过的钱塘江中游三江治

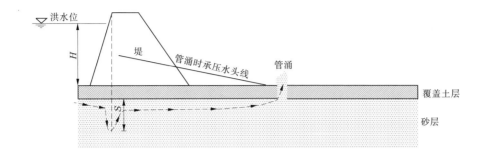

图 1-5　堤基有板桩时承压水头线

理堤防在 1995 年洪水时堤脚附近农田和施工未深入粗砂层的减压沟底普遍发生管涌的实例,来说明上述引用临界渗流坡降识别管涌险情严重性的广泛应用。如图 1-6 所示为三江治理上华试验堤段的断面,该上华堤段长 1 447 m,位于兰溪市区的衢江、金华江汇合口上游两大桥之间。两江汇合后称为兰江,下游就是富春江水库区。上华堤段在两江之间,地面下承压水头高,最易发生管涌,1995 年洪水位高出堤内地面接近 6 m,堤内地面覆盖土层厚度 1~3 m,简单估算砂层承压水向上渗流坡降 $J_z > 1$,必然在堤脚附近薄弱地面及沟底发生普遍性管涌,严重者管涌口径 1 m,翻砂喷水高度 0.3~0.4 m,管涌出口砂环高度 0.1~0.15 m。

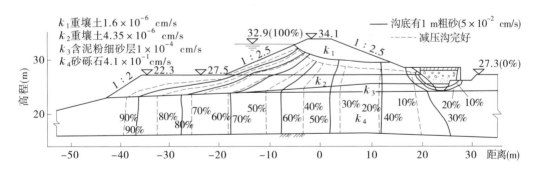

图 1-6　三江治理上华试验堤段

　　管涌险情虽在堤脚附近,却还没有向上游发展串通河水影响大堤安全。此种原因由图 1-6 可知,堤前覆盖土层未被河流洪水冲刷,起到防渗作用,这样增长了砂层渗流的渗径长度约为 70 m,简单估算砂层通道水平渗流坡降 $J_x = 6/70 < 0.1$，就不会向上游发展影响大堤安全。若按一般没有任何防渗排渗措施，堤前河床又被洪水冲刷深入到砂层的堤防，估算临界水平渗流坡降就必须在距大堤或背水堤脚临界距离 $10H = 60$ m 的堤内地面不发生管涌。介绍这个实例，主要是说明广泛灵活引用临界坡降，此例管涌险情必要条件是估算有防渗排水减压沟等措施，以及河流冲刷内的堤防险情识别方法。也说明减压沟必须深入粗砂层，压盖合格滤层，排水通畅，出口低才能发挥减压的作用。同样，沿堤脚的减压井必须注意这些问题才能发挥减压作用。关于减压沟井的布局计算，见参考文献[6][7]。

管涌险情小结：识别管涌险情会发展影响大堤安全的两个必要充分条件如下：

（1）地面管涌出口向上渗流临界坡降 $J_z = 1$（安全值可取 $J_z = 0.7$）。

（2）堤基粉细砂层水平渗流临界坡降 $J_x = 0.1$（安全值可取 $J_x = 0.07$）。

防洪要求：离堤脚 10 倍（洪水位超过地面）水头距离（$L = 10H$）内的地面不能发生管涌险情。

1.4　地面渗水险情

1.4.1　均质覆盖土层

堤内地面渗水说明其下砂层渗流承压水头高，如图 1-4、图 1-5 所示，当渗流水压坡线高出地面 h 大于覆盖土层厚度时，就要顶冲土层破裂或在薄弱处发生管涌。此临界水头 h 的确定是因为一般覆盖土层的饱和土重约是水重的 2 倍，这样就可从土层厚度的稳定平衡计算中算出此临界水头 h 等于土层厚度。也就得出向上渗流的临界渗流坡降 $J = 1$，从而由达西渗流定律算出渗流速度 $v = kJ = k$ 与某时段渗出地面的水量或渗水深度。例如砂壤土层 $k = 10^{-4}$ cm/s,其临界渗出地面水深应为 3.6 mm/h。超过此临界值,说明覆盖土层厚度不够,地面就会被其下强透水层的承压水顶破出现裂缝或局部发生管涌洞。其他土层临界渗水深度就可按 k 值比例推算,例如壤土类 $k = 10^{-5}$ cm/s 时,临界渗水深度应为 0.36 mm/h,等等。

因为冲破土层的渗流并非线性阻力达西定律,另有从水力学阻力系数试验曲线研究分析(见文献[3])算出各类土层的地面临界流速或渗水量,其值约是线性阻力达西定律算出水量或水深的40%。因此,建议在达西渗流基础上引用安全向上渗流坡降 $J = 0.7$ 计算此临界渗水深度如下:

砂壤土层渗透性 $k = 10^{-4}$ cm/s,代入达西渗流公式 $v = kJ$ ($J = 0.7$ 时)计算结果为 2.5 mm/h。其他土层按此值比照 k 值类推。例如黏土层 $k = 10^{-6}$ cm/s,临界渗水深度应为 0.025 mm/h,或每天0.6 mm 的渗水深度。这样,就可在渗水地面或局部渗水严重点围出 1 m² 面积观测某时段水量或水深来鉴别覆盖土层的安全性。此法要比装测压管观测水位算渗流坡降或安全土层厚度简便。

关于类推其他土层临界渗水深度或渗水量需要用的各类土层渗透系数可参考式(1-2)或查表 1-1 估计。

经验公式是根据土料的机械成分和密实度及水温来估算渗透系数的。作为代表可举太沙基(1955)公式如下:

$$k = 2d_{10}^2 e^2 \qquad (1-2)$$

式中:k 为渗透系数,cm/s;d_{10} 为有效粒径,mm;e 为土的孔隙比,$e = \dfrac{n}{1-n}$,n 为孔隙率。当 $e = 0.707$ 时,式(1-2)就变为最早的哈臣公式 $k = d_{10}^2$。

经验公式只适用于砂性土,所以还有各种土的 k 值(见表 1-1)供查用。

表 1-1　各种土的渗透系数 k 值

土质类别	$k(\text{cm/s})$
粗砾	$10^0 \sim 5\times10^{-1}$
砂质砾	$10^{-1} \sim 10^{-2}$
粗砂	$5\times10^{-2} \sim 10^{-2}$
细砂	$5\times10^{-3} \sim 10^{-3}$
黏质砂	$2\times10^{-3} \sim 10^{-4}$
砂壤土	$10^{-3} \sim 10^{-4}$
黄土(砂质)	$10^{-3} \sim 10^{-4}$
黄土(泥质)	$10^{-5} \sim 10^{-6}$
黏壤土	$10^{-4} \sim 10^{-6}$
淤泥土	$10^{-6} \sim 10^{-7}$
黏土	$10^{-6} \sim 10^{-8}$
均匀肥黏土	$10^{-8} \sim 10^{-10}$

土类的渗透系数,由粗砾到黏土随着土粒粒径的减小在很大范围内($1 \sim 10^{-9}$ cm/s)变化,且随着其紧密度而减小。还有一些黏土矿物,如膨润土、高岭土等包含有钠的交换阳离子,具有浸水弥散膨胀的特性,更助长土的不透水性。至于岩体的渗透系数,主要取决于岩体的裂隙及风化破碎程度。岩石块体本身的渗透性很小,所以常在现场用压水试验来确定其等效于多孔介质的 k 值。

保证堤内地面一定距离内覆盖土层的渗水安全也是预防该距离内发生管涌危及大堤安全的保证。一般此临界距离是洪水位高出地面水头的 10 倍。因此为安全计,建议该临界距离距堤脚 $L=(10\sim15)H$。如果在此临界距离内地面上盖房、铺路、种树等,增加盖重和地面土层的抗渗强度,也就有利于杜绝渗水险情。

　　因为堤内地面被承压水头顶冲发生管涌的向上垂直渗流坡降大于临界值 $J_z = 1$（安全考虑 J_z 可取 0.7），与发生管涌现象下面的堤基砂层水平渗流坡降大于临界值 $J_x = 0.1$（安全考虑 J_x 可取 0.07）两个条件才能向上游发展冲蚀基砂形成管道串通江河洪水危及大堤安全。因此，在距大堤临界距离更远的坑塘低凹或土层薄弱处发生的管涌险情应不致影响大堤安全，只能冲出管涌出口附近基砂，会影响近旁房屋建筑等沉降裂缝。1998 年长江特大洪水，因管涌导致决口的九江大堤及圩堤，都是管涌紧靠堤脚，导致嘉鱼县江堤决口的管涌距堤脚 40 m。

1.4.2　多层次覆盖土层

　　1.4.1 节主要是由单一均质覆盖土层，说明地面险情的识别方法。实际多是非均质土层，而且由于河流、河湾冲刷的演变，沉积层多是层状的。在粗粒砂砾强透水层上是粉细砂、壤土、黏土等弱透水层。此时就可以由每层土的向上渗流速度相等的道理推导出多层次覆盖土层换算为单一均质土层的等效渗透系数 k，然后算渗流速度 v 或渗水量，换算公式如下（见参考文献[6]）：

$$
\left.
\begin{aligned}
k &= T / \sum \frac{T_i}{k_i} \\
v &= kJ = k\frac{H}{T}
\end{aligned}
\right\} \tag{1-3}
$$

式中：T 为覆盖土层总厚度；T_i 为第 i 层次的土层厚度；k_i 为第 i 层次的渗透系数；H 为洪水位高出堤内地面的水头。

　　如图 1-7 所示，覆盖土层是两层，其等效渗透系数为

$$
k = 5 / \left(\frac{4}{10^{-3}} + \frac{1}{10^{-4}} \right) = 3.57 \times 10^{-4}(\text{cm/s})
$$

向上渗流坡降　　　　　$J = \dfrac{H}{T} = \dfrac{1.5}{5} = 0.3$

渗流速度　　　$v = kJ = 3.57 \times 10^{-4} \times 0.3 = 1.07 \times 10^{-4}(\text{cm/s})$

即 $v = 3.85$ mm/h,也即渗出地面的水深为每小时 3.85 mm。

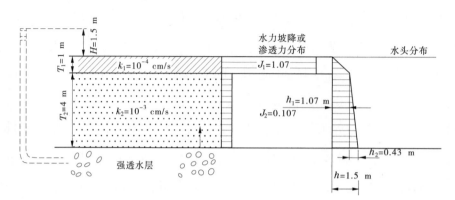

图 1-7　土层分布与渗透坡降或水头分布的关系示意图

因为向上各层土渗流速度都是相同的,则可算出各分层土的渗流坡降 J_1、J_2 和渗流水头分布 h_1、h_2,如图 1-7 所示。从此简单算例,可知地面表层土 $J_1 = 1.07$,J 略大于 1,已是临界状态,将被渗流向上顶破,发生管涌。若从渗流水量或水深,每小时 3.85 mm 识别此临界渗水险情,就比单一均质覆盖土层($k = 10^{-4}$ cm/s)的渗水量或水深每小时 3.6 mm 的临界值大 7%,因此如果用透水性比下面土层较差的表层土作为单一均质覆盖土层的渗水量临界值来识别地面发生管涌险情的指标就更安全一些。

再如图 1-7 所示,虽然表层土 $J > 1$ 将被水头顶破发生管涌现象,但不会向下层土继续形成通道,只能看到砂沸现象的表面管涌。

实际上,覆盖土层的分布是复杂的,能知道各土层的渗流水头分布,核算与稳定性相关的渗流坡降 J(代表渗透力)是最精确的。但需钻孔表层土装设测压管观测水面高出地面的水头是否接近测点的深度(临界值 $J = 1$)。不过到处装设测压管也不方便,所以迄今为止只是靠经验看覆盖土层的土质和密实度。

以上提出的识别地面渗水险情的渗水量方法可以总结概括为:按照地面弱透水土层的渗透系数 k 值代入公式 $v = kJ$(安全考虑向上渗透坡降可取 $J = 0.7$)计算出渗流速或水量作为识别地面渗水险情的指标。例如,壤土 $k = 10^{-4}$ cm/s,$v = 0.7k$,每小时渗出地面水量深度为 0.7×3.6 = 2.5(mm)。其他地面土类可按 k 的比例计算渗水量,比如黏壤土 $k = 10^{-5}$ cm/s,其渗水量应为 0.25 mm/h。不考虑地面土下面的多层次土层,计算结果更安全一些。

地面渗水量超过临界值,可能在薄弱环节发生裂缝或管涌时,就需要压土盖重或做好排水系统等预防措施。如果地面发生管涌险情,还要再看距洪水河堤远近[临界距离距堤脚面(10~15)H],是否会连通覆盖土层下面砂层到河水,形成水平渗流临界坡降(安全考虑可取 $J = 0.07$)的通道。

1.5 管涌抢险措施

防洪期间,一旦堤内地面发生翻砂冒浑水的管涌险情,若在离堤脚临界距离内,就必须立即采取抢险措施。若在远处发生管涌,可观察洞口处浑水翻砂发展趋势考虑如何抢险。抢险措施原则上一般是采用滤层压盖以杜绝基砂流失,或者抬高管涌出口水位以消减流势。具体措施结合 1998 年长江特大洪水的沿江查看调研资料,简述于下(见参考文献[3])。

1.5.1 滤层压盖

如图 1-8 所示,在管涌出口先压盖一层透水拦沙的土工布(土织物),再压 30 cm 厚的砾石、碎石及砂袋、块石等。

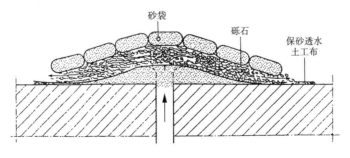

图 1-8 滤层压盖管涌措施示意图

1.5.2　围井导渗

如图 1-9 所示,由于管涌出口喷水流急,压盖滤层停留不住,则可先以土砂袋围住出口抬高水位,减缓流势,再压土工布滤层或粗砂碎石滤层。围井不宜高,以能方便抛填滤层不被急流冲起、出清水溢流为限。围井高时,会增大附近地下承压水头,再引起周围薄弱环节地层出现新的管涌。这种围井措施在长江及各大江河堤防抢险喷泉式管涌时采用较为普遍。

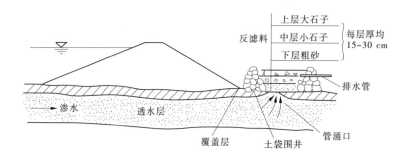

图 1-9　围井导渗措施示意图

例如,1998 年长江洪水位 18.49 m 时,安庆广济圩江堤距堤脚约 150 m 处水塘底部发生管涌群,较大管涌口径及冒水高度约 0.2 m,采用了抛填石子瓜片压渗并以装土草袋做成大面积的围井,再压填滤层导渗措施控制了险情,围井直径约 5 m,高约 1 m。由于出口水位抬高,附近又出现几个新的管涌洞。水塘边底也发现有管涌洞 27 个。因为流失基砂较多,水塘附近 10 m 左右有一座二层楼房倾斜下沉 44 cm。抢险到 8 月 7 日,先后出现的 5 处管涌得以控制,出了清水。共计填塘、围井运用了草袋近万条,砂石料 2 000 t。

再如北江大堤,1982 年洪水,在芦苞闸下游距堤脚 60 m 处的鱼塘内发生了管涌,采用了直径 3 m 的围井措施,抛入 10 多 t 砂石料后,险情得以控制。像这样的水塘、鱼塘等坑塘凹地是容易发生管涌现象的。所以在江堤附近 $10H$ 的临界距离范围内不能破坏覆盖土层的完整性,在此临界距离内发生管涌就必然会危及大堤的安全性。

1.5.3　围堤蓄水

如图 1-10 所示,当堤内脚一带出现大面积管涌群情况时,可以采用此项土砂袋围堤拦蓄渗水、抬高水位消杀管涌出流水势的措施,也称它为"养水盆"或"背水月堤",围堤蓄水高度直到渗出清水。此项蓄水作用对于大面积失稳覆盖土层来说,相当于以水代土的压重,同样也会引起围堤面积之外附近薄弱地层的新管涌出现,只有在缺乏砂石料的堤内脚可能出现大面积管涌的险工堤段考虑采用。

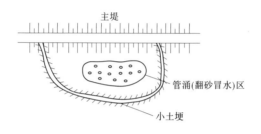

图 1-10　围堤蓄水措施示意图

1.5.4　填塘压渗

堤内坑塘和养鱼塘内蓄水显然没有原土的压重安全,所以堤内脚附近的坑塘都是管涌容易出现之处。一旦有管涌出现于塘底或浑水流出边岸,则可抛填粗砂、砾石、碎石压住管涌口形成滤层,如图 1-11 所示。若管涌喷水势猛,则可先抛投片石、碎石消杀水势后再填铺滤层。对于水塘边岸的管涌,则可先覆盖土工布或草垫梢料再压重。

1998 年长江洪水,宿松县复兴镇同马大堤距堤脚约 300 m 处有一大水塘内出现 10 多处管涌洞,冒水翻砂带气泡,塘边一轧花厂房也发生倾斜。当时紧急运砂石料 400 t 分层抛填于塘,管涌得以控制。不过距堤脚如此之远似不会影响大堤安全。

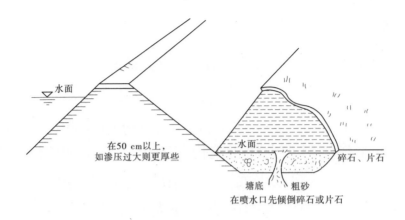

图 1-11　填塘压渗措施示意图

1.6　堤坡管涌漏洞险情

　　堤内背水坡面坡脚一旦发生管涌、漏洞、裂缝等集中渗水出流险情,就应立即采取抢险措施。首先是滤层覆盖渗流出口措施,注意防止下滑。但也要考虑现成方便防洪器材,抢时间采用其他措施。同时观察堤前洪水面流势出现有无漏斗漩涡,寻找管涌漏洞的渗流水流进口,堵塞压盖土工膜等防渗材料。找不到进口就要大面积在堤前坡面铺压防渗土工膜、压盖土砂袋,或再考虑在背水面压盖堵塞出口等措施,维护大堤的安全。

1.7　堤坡渗水险情

　　背水堤坡大面积渗水会导致滑坡,如图 1-12 所示,洪水位高时,渗流浸润线以下出渗坡面就要发生渗水险情,导致局部或较大面积的滑坡,危及大坝安全。因此需要有一个导致滑坡的渗水险情指标供防洪人员参考,避免滑坡的发生。

　　根据各种渗流情况及土质、土坡情况研究分析滑坡时渗流

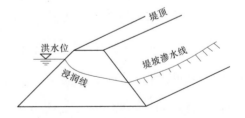

图 1-12　堤坡渗水险情示意图

的出渗临界坡降和土模型滑坡试验的临界出渗坡降（见参考文献［3］），就可以计算出渗流速度（$v=kJ$）和渗流量。因此下面摘要给出各类土坡坡面破坏下临界值（见表 1-2），供防洪人员识别险情严重性时参考。

表 1-2　各类土坡渗水险情临界值

斜坡土类	渗透系数（cm/s）	临界出渗坡降	临界渗水深度（mm）	临界渗水量［L/（h·m²）］
细砂 1:2	10^{-3}	0.1	3.6	3.6
细砂 1:3	10^{-3}	0.25	9.0	9.0
泥质壤土 1:2	5×10^{-6}	0.9	0.16	0.16
黄土 1:2	10^{-5}	0.6	0.247	0.247

表 1-2 所列出的临界水量是以每小时每平方米出渗坡面计算的。具体观测水量可划出一段渗水堤段，渗水引到堤脚排水沟中计算。表中渗透系数与土体密实孔隙率大小有关，若知道堤坡土的渗透系数，可按直接比例计算渗水量（各类土的渗透系数见表 1-1）。另外，土坡稳定性分析中尚有土力学指标 c、φ 等因子的影响，因此表 1-2 给出的临界渗水量若与前面所述地面渗水险情给出的临界值比较，精度较差。

1.8　浅层滑坡险情及处理

洪水位高，堤防背水坡渗水严重时，渗流渗透力（正比于渗流坡降）推压出渗，坡面土体下滑，而且堤坡浸水饱和土体的抗剪强度锐减，就更容易下滑，影响大堤安全。如图 1-13 所示为滑坡险情示意图。因此一旦发生滑坡险情或渗水量超

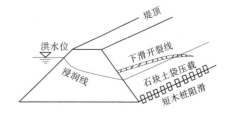

图 1-13　滑坡险情示意图

标,有迹象滑坡,就应采取抢险措施。首先要在堤前迎水坡面铺压防渗土工膜,减少渗水量降低浸润线。同时,可在背水坡脚打一排桩或压块石抛砂石料压载等阻止坡土下滑等。江苏省新沂河北堤在 1963 年洪水时背水坡严重渗水,有大滑坡趋势,打入木桩 40 根,免于危险。若堤坡没有草皮,渗水冲蚀坡土流失也要压盖土工织物等防护。

滑坡有一个时间过程,还可经常观察堤顶坡面发生裂缝,或观测坡脚发生水平位移等迹象,及时采取控制措施:坡脚压载、堤顶削坡及防渗等。关于浅层滑坡,还可参考图 1-14 所示的处理方法即坡脚压载阻滑,坡面换土、排水,加筋等措施。至于深层大体积滑坡,见 1.9 节。

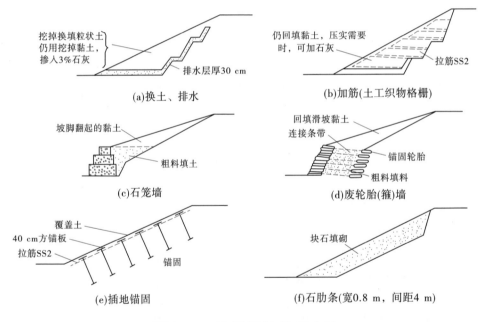

图 1-14　浅层滑坡处理方法

1.9　深层滑坡处理及实例

对于滑坡后暂时稳定的堤防,需要处理的:一是修复改造或治理;二是不必考虑修复。对于后者,只需清理或平崩滑土体使其稳定,以及修整坡面适应环境的要求。对于前者的处理仍用上述控制再滑措施,取其适应者治理改造为稳定的边坡,举下面实例供参考。

图 1-15 所示为美国加州地区一路堤堆筑在不透水页岩上易滑动软塑土层上造成的滑坍。滑坡后修复时采取了地表水排水、地下排水措施。施工次序为:①清除滑动面土料;②置放穿孔排水管于水平钻孔中;③挖截水沟;④铺设砾石层地下排水连成排水通道;⑤修复填土。

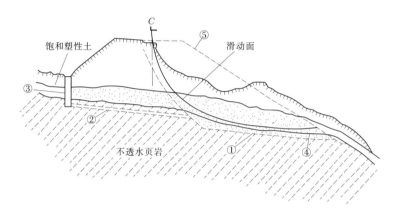

图 1-15　滑坡后的路堤修复实例

在软土淤泥地基上修筑堤坝,由于地基中孔隙水压力随着填土压重而增大,经常在填土高度 8~10 m 时就会遭到滑坡,其滑动面也不是单一圆弧。图 1-16 是淮河入江水道三河拦河堤坝施工时的一次滑坡剖面。该坝河床为灰色粉黏土淤泥,厚 4~8 m,黏聚力 $c = 0.06 \text{ kg/cm}^2$,$\varphi = 5°$,压缩系数 $\alpha = 0.03 \text{ cm}^2/\text{kg}$,渗透系数 $k = 10^{-4}$ cm/s;最上面为 0.1~0.3 m 的薄层浮淤,再往下为粉质黏土;施工方法在水面 6.0 m 高程以下为水中倒土。施工期间,每筑高到 13.0 m 高程以上,就开始滑坡,1969 年 12 月 13 日~1970 年 3 月 27 日就发生 8 次滑坡,其中 6 次是向下游滑坡,坝顶最宽裂缝达 1.45 m,下沉最大达 1.9 m,坡脚处 8 m 高程的平台隆起 0.3 m,平移 0.63 m。因此不得不放慢填筑速度,并增添 9.5 m 高程的平台放宽剖面。滑坡是沿着孔隙水压力较大、抗剪强度最小的浮淤面进行的,所以这种浅层复式滑动面 ABCD 即呈现图示的沿浮淤面一条直线的两端各接一近似圆弧。

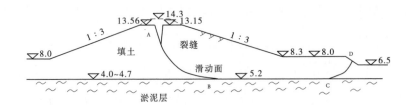

图 1-16　淤泥上筑堤坝的滑动实例(三河拦河土坝)　(单位:m)

同样的滑动事例在国外也有很多,美国 Pendleton 堤防的破坏如图 1-17 所示,也不是一个单一圆弧。该堤滑陷的主要原因为在堆筑期间当堆土接近 10 m 高时,厚 3~4 m 软黏土地基中的孔隙水压力很大(超静水压力接近堆土荷重),来不及消散,沿抗剪最弱(接近于零)的饱和黏土地基很快地整体滑动破坏。

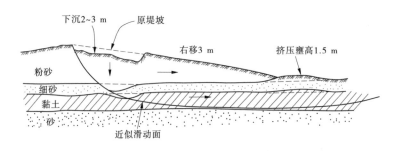

图 1-17　软黏土上填筑堤坝的滑动实例(Pendleton 土堤)

1.10　江河大堤风浪冲刷险情防护

江河洪水期间经常会有风浪冲刷土堤坡,形成沿洪水位一道阶台状剖面,影响堤顶土体的稳定,防护措施为削弱风浪水流的冲刷力与增强坡面的抗冲力。因此在黄河大堤常用如图 1-18 所示的挂柳措施,因为它浮于水面,有消浪消能的作用,同时也增强了坡面抗冲能力。

近代土工织物、土工膜广泛应用,也就更方便用于河流,如图 1-19 所示,直接用土工织物、土工膜防浪防冲。铺设于浪高范围内的堤坡面上,图示平头钉固定土工织物膜的方法,还可使用土工袋、土工管及石块等压住。在 1998 年长江洪水时用过土工膜铺设

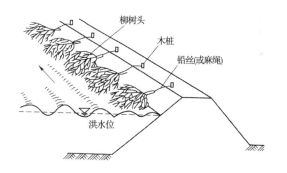

图 1-18　挂柳防风浪水流冲刷堤坡示意图

在洪水位波动带,发挥一定防冲作用,但日光暴晒,不能持久。也可做成土工织物软体铺排在坡面上防冲,如图 1-20 所示。具体做法是:将土工编织布或无纺布缝制成简单排体,宽度为 5~10 m,长度根据风浪高和超高确定,一般为 5~8 m,在编织布下端横向缝上直径 0.3~0.5 m 的横枕袋子。投放时,将排体置于堤顶,对横枕装土(装土要均匀),并封好口,滚成捆,用人力推动排体沿堤坡滚动,下沉至浪谷以下 1 m 左右。同时在上面抛设压载土袋或土枕,防止土工织物排体被卷起或冲走。当洪水位下降时,如仍存在风浪淘刷堤坡的危害,则应及时放松排体挂绳使之下滑。实践证明,用土工织物布或无纺布体防风浪效果较好,且施工速度快。

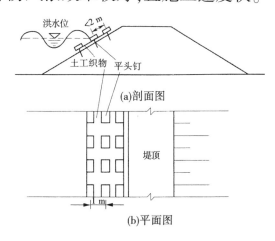

图 1-19　土工织物或复合或土工膜防浪示意图

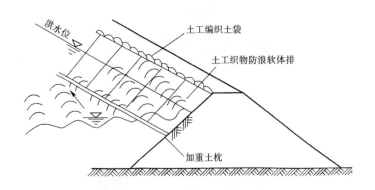

图 1-20　土工织物软体排防浪

如果能沿着洪水位风浪水流冲刷堤坡的范围带种植选用的草皮,也将是经济有效的防浪护坡措施,甚至在洪水位平台堤坡植树向城市堤防园林化发展(见参考文献[2])。

1.11　决口险情与堵口抢险

据两千多年来黄河决口千余次的历史总结,认为黄河大堤决口有"漫决""溃决""冲决"三种情况,无论是哪种情况,"决口"都是抢险未果形成的最后灾难性的结局,自然要全力抢险。例如,洪水漫堤顶险情,就必须堆子堤坝抢险,如图 1-21 所示的土袋子堤。土袋子堤适用于堤顶较窄、风浪较大、取土较困难、土袋供应较充足的堤段。一般用草袋、麻袋或土工编织袋,装土七八成满后,将袋口缝严即可用于筑子堤。其他挡水物如方便都可用来构筑子堤。

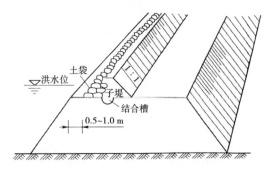

图 1-21　土袋子堤示意图

关于土堤洪水漫顶水流冲刷决口险情,可参考附录 A 冲刷公式［式（A-9）和式（A-10）］估算发生险情的严重性，甚至大堤决口的可能性。

关于渗流管涌等隐患，会导致堤防发生溃决，其抢险方法已在前文叙述。导致决口的抢险过程，举长江决口的实例进行叙述。

至于"冲决"则是黄河水患之源。大堤间距宽达 5 km 广阔滩面上主流不受约束，必然产生斜流、横流。由于河势游荡，斜河、横河顶冲堤防也是险情发生的重要原因，1900～1937 年 38 年间的 107 次决口，其中因河势变化受溜势冲决 37 次，占 1/3。1952～1983 年黄河出现冲决堤防的大险有 27 次，其中在很宽河幅的河南省有 24 次。在 1952 年，流量仅 2 000 m³/s，黄河主流在铁桥北端坐弯，发生黄河直冲保合寨险工上首事故，冲塌大堤长 45 m，宽 6 m，抢险抛石 6 000 m³。1954 年 11 月 13～23 日又在铁桥下游放宽河段发生斜河，当时秦厂水文站流量逐日下降，已由 11 月 3 日的 2 420 m³/s 降到 13 日的 2 000 m³/s 以下，斜河水流顶冲 62# 坝，坝前冲刷水深达 15 m，是一典型窄河段出流在放宽河滩段发生斜河的事例，为说明此处险工屡遭斜河顶冲，河势斜河如图 1-22 所示，此种斜河实际与闸坝集中开放闸孔导致偏流的道理相同。

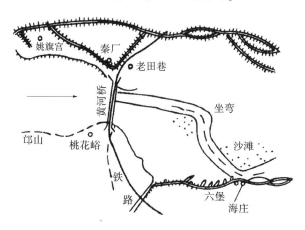

图 1-22　黄河郑州铁桥下游海庄出险斜河流势（1954 年 11 月）

1983 年武陟北围堤横河顶冲，抢险工程长 1 800 m，抛石 2.4 万 m³，耗资 300 万元。1982 年大洪水落水期间，开封市黑岗口险工因受斜河顶冲,先后出险 30 坝次,180 m 根石、坦石护坡急剧下沉入水,抛石抢护 1.2 万 m³。1993 年花园口站出现洪峰 4 120 m³/s 之后,来水量减小,主流出邙山嘴受河滩顶托作用形成横河顶冲对岸控导工程,主流带宽 70 m,流速 3 m/s 左右,冲刷根石走失严重,抢险抛石 1 500 m³,柳料、铅丝、麻料、木桩等 3 560 多 t。同时,九堡险工段控导工程,31# ~ 37# 坝于 1993 年 5 月建成不久,到 8 月河势发生剧烈变化,由边溜而成斜河顶冲,造成 37# 坝圆头坦石及土台全部坍塌入水,柳石枕排普遍下蛰 5 ~ 6 m,丁坝被冲垮 22 m。因为该坝使用了土工织物,有加筋阻滑作用,险情没有进一步扩大。同样在山东省也有一些类同的险工堤段。

关于上述斜河横河冲向堤坡、坝头发生险情,一般抢护措施多是抛石,或充填土工袋、土工管及沉排席垫等物料护坡或丁坝控导水流(见第 2 章)。而且可以引用冲刷公式加以验算。例如斜河流速 $v = 3$ m/s,作为不冲临界流速代入简式 $v_c = (6 \sim 8)\sqrt{d}$,取浅水时系数 6 算出河床上块石最小直径 $d = 0.25$ m,若是在坡面上的护坡块石,其稳定性就需要代入公式 $v_c = (6 \sim 8)\sqrt{d\cos\theta}$ 计算(见 2.2 节)。例如 1:1 抛石坡面,坡角 $\theta = 45°$,则可由上述公式算出坡面抛石大小为 $d = 0.25/\cos45° = 0.35$ m。若是验算丁坝头的抛石大小,由于绕坝头流速是集中的,见 2.3 节,块石需要更大,或条石砌,或浆砌等。

总之,黄河多泥沙、滩面宽广,主槽淤高趋平于滩面,滩面冲淤多变自然是游荡型河势之源。而且河道纵比降 1/7 000,滩面比降却有 1/2 000 ~ 1/3 000,当高含沙量洪峰过去不久,大量泥沙落淤造床适宜时就会经常在平滩流量 4 000 ~ 5 000 m³/s 以上的中常流量发生滩面斜河、横河。特别是边岸控导工程下游或淤滩河湾处容易发生斜河势、横河势的顶冲,抢险不及时就有冲决堤防的危险。因此,针对黄河河势的特点,确保堤防安全,还必须修建河道整治工程。而且历史上也有同类的治黄方策,例如明代的黄河专家潘季驯提出的"束水攻沙"治水策略。近代的水利专家李仪祉掌管黄委会时派人员到德国,最早建立的第一座河工模型实验室在恩格斯(H. Engels)专家的指导下,进行黄河模型试验研究结果提出"固定河槽,疏导下游"的整治意见。到现在已是近一百年,应当是彻底整治黄河大堤、规范大堤的时候了。再也不能让五千年历史文化源流不息的母亲河发生斜河、横河之险了。

　　堤防决口之后,就是堵口复堤。堵口也有"立堵""平堵""混合堵"三种情况。立堵是由两端或一端开始,向口门中间进占,最后合龙的堵法。平堵是由底部抛投物料逐渐加高的堵法。混合堵是先立堵再平堵相结合等的堵法。采用哪种堵法较好要看具体条件和准备条件。大江大河的堵口,一般离不开架桥和船抛投物料。其抢险复堤过程通过以下黄河与长江两个实例说明。

1.12　黄河决口与花园口堵口

　　黄河泥沙含量是世界河流之冠,淤积下游河床高出背水河地面一般 $3 \sim 5$ m,多者 $10 \sim 11$ m,开封地面就比黑岗口河床低 11 m。所以洪水来临容易决口。历史记载两千多年来决口 1 500 次。从这些老口门的目前钻探地下情况,可以了解当时的堵口用料、成功经验和存在问题。

　　据调查分析,这些老口门堤段,堤下透水性更强,渗透系数大于 10^{-3} cm/s。例如,调查过的郑州花园口石桥老口门宽 1 760 m,是清光绪年间冬季堵口的,中间 60 m 宽用秸料砖头堵口,钻探 19 m 以下是秸秆层,腐烂很慢,主体秸秆层 10 m 多厚,再下秸料来夹土砂,更下为中砂,但钻探 40 m 以下仍发现有秸秆料,深浅不一,堤沉陷已有 $8 \sim 9$ m,堤后坑深 $4 \sim 5$ m,塘底有两个大管涌洞,当时黄河流量 600 m³/s,背水塘水位 87 m,内外水位差约 2 m,堤脚已在渗水。再例如,1938 年人工扒开大堤的花园口新口门宽 1 460 m,冲深 13 m,1946 年堵口时架桥 400 m 抛石平堵未果,意见分歧,当时还没有土工织物用来截流防冲,又是大风之夜,就改用秸秆柳枝,口门堤基仍为柳石枕、丁梢箱、卵石块石铅丝笼等透水材料;1955 年 8 月 20 日大雨,堤突然下沉长 50 m,宽 7 m,深 2.8 m,开挖出来都是石缝秸料空隙在透水;1956 年加固抽槽填筑黏土斜墙,并连续 3 年锥灌黏土浆,有些孔灌浆 2 万 kg 土以上。同时还采用了放淤措施,几年放淤加固土方百余万 m³,平均淤厚 8~9 m,当时大堤内外水位差约 2 m,背水地面普遍冒气泡群,大水时冒水高 3~5 cm。以上情况是在1965 年夏沿黄河大堤调查看到的。经过随后 30 年来 3 次大规模的黄河堤防加固和河道整治,险工地段已经基本改善,1996 年春再次来到花园口地段查看,与 20 世纪 60 年代相比面貌全非,堵口堤段被水侧坑潭已完全为放淤填平,见图 1-23,大堤宽在 200 m 以上,堤前有几道砌石丁坝控导着黄河流势,堤上有亭台雕塑及堵口纪念碑,东西两座碑亭,碑文略有不同。沿堤植树成荫,桃李花红白成片,已是旅游的场所。可是当你亭下坐观滚滚黄河之际,不可忘记1938 年 6 月 9 日那一天的日军侵华战争、炸开花园口大堤,滔滔黄河水奔涌而出,形成 5.4 万 km² 的黄泛区,造成 89 万百姓死于洪水,1 250 万灾民无家可归的悲惨情景。(见文献[1]江河大堤调查报告)

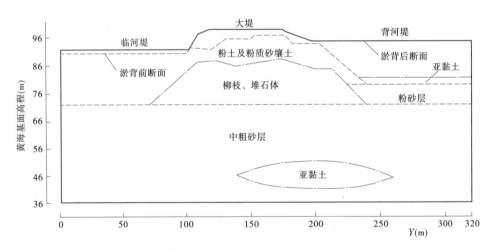

图 1-23　黄河花园口堤段 12+800 断面土层分布

1.13　长江大堤决口与堵口抢险

(1)出险情况。

江西省九江市城区长江大堤 1998 年溃口段位于 4～5 号闸间，该堤防始建于 1968 年，经过多次加高加固而成，为土石混合堤，堤顶高程达到 25.25 m 的设计要求。如图 1-24 所示，在土堤的迎水面建有浆砌块石防浪墙、钢筋混凝土防渗墙、防渗斜板和防渗趾墙。

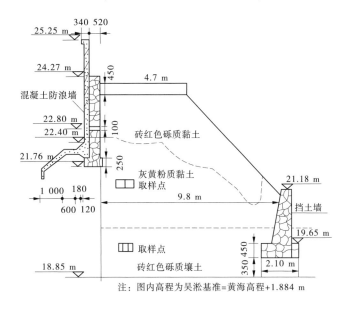

注：图内高程为吴淞基准＝黄海高程＋1.884 m

图 1-24　长江溃口段大堤横断面与土层分布　（单位：mm）

1998 年 8 月 7 日，长江九江站水位 22.82 m。12 时 45 分，长江大堤九江城区段，第 4～5 号闸间堤脚挡土墙下有一股浑水涌出，10～15 cm 高。14 时左右，大堤堤顶塌陷，出现直径 2～3 m 的坑，可看到江水往内涌流。不久土堤被冲开 5～6 m 的通道，防渗墙和浆砌石墙悬空，水从防渗墙与浆砌石墙下往内翻流。

14 时 45 分左右，防渗墙与浆砌石墙一起倒塌，整个大堤被冲开 30 m 左右宽的缺口，最终宽达 62 m，最大进水流量超过 400 m³/s，最大水头差达 3.4 m。

(2)抢险过程及措施。

　　险情发生后,现场抢险人员开始用砂袋往涌水上压,但未压住,冒水泉眼由 1 处发展到 3 处,冒水高度达 20 cm。接着用棉絮和沙袋往冒水泉眼上压,甚至把一块大石头往上压,也没有效果,冒水泉眼反而越来越大。这时 30 多名抢险队员跳入江中寻找进水洞口,发现油库平台上游挡土墙与防洪墙交接处有吸力点,就摊开棉絮,拉住四角,上面放砂石袋压下去堵,冒水泉眼出水变小。但很快背水堤脚挡土墙上端堤身塌陷,出现直径约 60 cm 大小的洞,往外冒水。接着在离岸 1.5~2 m 处突然出现直径 3 m 的漩涡,往漩涡内抛石料马上就被卷走了。随后调船只堵口。15 时左右,陆续到达 4~5 号闸段江面,但由于决口处水流很急,无法有效组织这些预备船抢险。15 时 30 分左右,抢险人员将一条铁驳船和一条水泥船绑扎在一起,顺水流进行堵口,因无人驾驶,无法定位,当漂流进决口附近时,绑扎的钢绳被拉断,两船被水流冲走,第一次试图用船堵口失败。

　　17 时左右,一艘长 75 m、载重 1 600 t 的煤船在两艘拖船的配合下,将煤船成功地定位在决口当中,有效地阻止了洪水的大量涌入,为后来成功堵口起了十分重要的作用。

　　随后,专家组制订了初步抢险方案,采取继续向决口处沉船,抛石块、粮食,设置拦石钢管栅等办法控制决口,同时在上游抢筑围堰(截流戗堤)。堵口工程平面布置见图 1-25,堵口工程结构见图 1-26。

　　决口抢堵经过两天两夜的奋战,围堰在 8 月 9 日合龙,进水量得到控制。但涌进的水流仍然有 50~60 m³/s。加上几天来洪水淘刷,堤脚处已深达近 10 m,部分已抢筑的组合坝出现下沉和倾斜。因此,围堰应立即加高加固,全力强筑组合坝及被水侧后墙。11 日晚围堰加固完成,共抛填石料 2 万 m³,渗水明显减少。12 日下午后戗抢筑取得突破性进展,合龙成功。经过抢险部队 5 天 5 夜的殊死奋战,长江大堤决口终于被堵上了。13 日,开始加高、加固大堤和

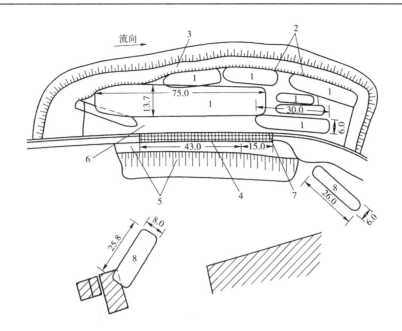

1—沉船；2—拦石钢管栅；3—截流戗堤；4—堵口组合堤；

5—石袋后戗台和戗台坡；6—水下抛土铺盖；7—残堤保护段；8—冲进溃口船舶

图 1-25　长江大堤堵口工程平面布置　（单位：m，均为实测值）

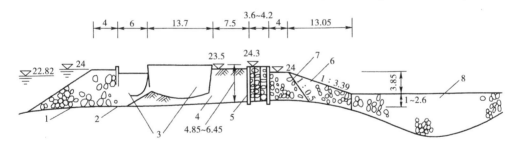

1—截流戗堤（实测长 186 m）；2—拦石钢管栅；3—沉船；

4—水下抛土铺盖；5—钢木构架组合堤（实测全长 43 m）；

6—石袋后戗台；7—临时断面线；8—冲刷坑及填塘固基

图 1-26　长江大堤堵口工程结构　（单位：m，均为实测值）

闭气工作。经过一昼夜的战斗，抢筑起一条长 150 m、高 8 m、坡度为 1：3、用石料 3.56 万 m³ 的堵口大堤。抛土闭气工程也于 8 月 15 日全面完成，填黏土 1.5 万 m³，闭气效果比预期好。至此，决口抢堵工程完成。

（3）出险原因及分析。

出险原因有:水位高,历时长;建设油库平台,破坏了大堤的防渗层;发现险情不及时,防汛物料准备不足,抢险方法不当等(详见参考文献[2])。另外还有比较重要的出险原因需要分析,例如河湾水流的凹岸冲刷,如图1-27所示,长江大堤决口处正是河湾的凹岸的顶点。土质河床若不加防护,会被冲刷。简单计算其安全情况,如下所示:

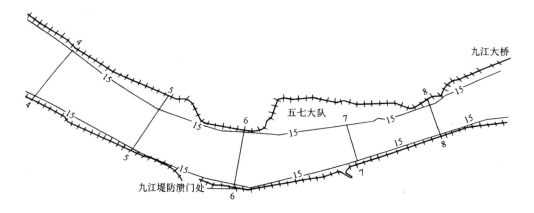

图1-27　长江大堤九江决口段水流平面图

根据长江科学院取土样试验,堤基表层土是粉质壤土,土力学指标黏聚力 $c=9.3$(固结快剪)~17.4 kPa(慢剪),稍下面一层是粉质黏土,$c=10.5$~23 kPa,土质不均匀密实,渗透系数是 10^{-4} cm/s。代入下面的抗冲等效粒径经验公式,若各取其平均值 $c=13$ kPa $=0.13$ kg/cm²(粉质壤土)和 $c=17$ kPa $=0.17$ kg/cm²(粉质黏土)。分别代入下式(见附录):

$$d = 0.34c^{5/2} \qquad (1-4)$$

就可算得抗冲等效粒径分别为 $d=0.002$ m $=2$ mm(粉质壤土)与 $d=4$ mm(粉质黏土)。然后分别代入下面的河湾凹岸冲刷深度公式(T、h、d 的单位都是 m),见附录 A 表 A-1。

$$T = \frac{0.17q}{\sqrt{d}\left(\dfrac{h}{d}\right)^{1/6}} \qquad (1-5)$$

就可算得已知凹岸最大单宽流量 q 或垂线平均流速 v 和水深 h

情况下(此处已知 $h=4$ m,并设 $v=1.5$ m/s,则 $q=vh=6$ m²/s),水面以下冲刷深度 $T=6.4$ m(粉质壤土)、$T=5.1$ m(粉质黏土)。则知河床冲深 2.4 m 和 1.1 m。另一个估算黏土冲刷的方法,可查附录表 A-2,由 1 m 水深冲刷试验得出的抗冲等效粒径。对照表中壤土和黏土的等效粒径也就是 $d=2\sim4$ mm,与上面用土力学指标 c 值算的一致。而且一般河湾流速大于 1.5 m/s,因此计算的决口段堤脚河床局部冲深 $1\sim2$ m 是完全可能的。这样就会淘刷冲深到堤基以下,浆砌块石挡土墙基以下。沿堤基到挡土墙粉质壤土层渗径长度不足 10 m,水平渗流坡降大到 0.4,一般是要发生渗透破坏的。何况紧靠背水堤脚就是原永安河故道留下的水塘,塘水位 18.2 m多,更为不利。而且塘边堤坡出现的 3 个冒水泉眼水声响亮,这是塘边居民首先发现的。

第 2 章　崩岸滑坡及河谷山坡险情

2.1　洪水冲刷崩岸险情

水流冲刷主要是流速大于河床堤防抗冲能力所致,可以直接观测流速大小估算发生险情的严重性。不像渗流险情需要估算渗流坡降来表示渗流速度($v=kJ$)或渗透力($F_s=\gamma_w J$)间接推测险情的严重性了。一般河流平时流速 1 m/s 左右,洪水来临就要增大到 2 m/s 左右。闸坝下游还会更大,堤岸将发生冲刷险情。像黄河经流黄土高原地带,含泥沙量最大,到下游又是"地上悬河",一旦决口,就会改道,洪水泛滥于黄淮海平原,所以黄河以"善淤,善决,善徙"闻名。长江虽无冲决改道之患,堤岸冲刷险情却是洪水防汛期间常见,特别是河湾凹岸与江堤有受阻于城市丘陵宽窄方向转变处及江中洲岛的演变与其圩堤的冲刷险情较为常见。不仅是堤防本身,其下坡脚淘刷导致崩岸也是重要险情。洪水期间河湾凹岸尾部是洪流顶冲淘刷发生险情之处。

河湾水流与迎溜顶冲处,如无控导措施,必将引起崩岸滑坡,长江中下游江堤 3 600 km 中崩岸长度就有 1 500 km,1998 年洪水发生崩岸险情 300 余起,说明塌江崩岸的严重性。同样,流经黄土高原的黄河,沿岸黄土的垂直崩坍也属常见。实际上,堤防迎水坡的滩地河岸就是堤防工程的延伸部分,崩岸的发展自然会危及大堤的安全。因此,防止大江河的崩岸滑坡也是保证大堤安全的前提。

洪水冲刷崩岸险情的类型,从图 2-1 所示的河床演变的示意图上看,崩岸有条崩和窝崩之别。条崩多在缓变河湾凹岸或流急的顺直河岸发生较长的岸土崩坍;而窝崩则是由于急变河湾顶冲或主流偏斜(丁坝矶头挑流、桥孔闸孔出流等)顶冲河岸造成的局部岸土窝崩,若不加防御工事,将深入河岸宽度数十米到百米以上。

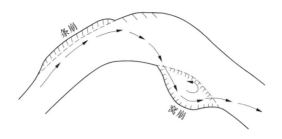

图 2-1　河流淘刷崩岸险情示意图

2.2　抛石防冲抢险

　　迎溜顶冲淘刷堤脚岸坡所发生的崩岸滑坡险情,无论是抢险或预防,多是采用水下抛石防冲,而且多是在河湾的凹岸。抛石不仅防冲,也可阻止滑坡。但抛石大小、抛投位置落距等很难掌握,会造成浪费。因此提出下列简便算式供参考。

2.2.1　抛石大小

　　对于河床抛石大小代入下式计算:

$$v_c = (6 \sim 8)\sqrt{d} \qquad (2\text{-}1)$$

式中:v_c 为抗冲临界流速;d 为抛石等效粒径;水浅时系数用 6,水深时用 8(见附录 A)。

　　例如流速 $v = 2$ m/s,$d = \left(\dfrac{2}{6}\right)^2 = 0.11$ m,说明抛石处水流平均流速 2 m/s 时,抛石 $d > 0.11$ m。

　　对于抛石护岸坡的块石大小稳定性分析,近似可以代入下式计算:

$$v_c = (6 \sim 8)\sqrt{d\cos\theta} \qquad (2\text{-}2)$$

式中:θ 是抛石坡面的坡角。

　　例如坡度 1:1、$\theta = 45°$,取浅水系数 6 时,$v_c = 2$ m/s,则由式(2-2)计算抛石大小 $d = 0.16$ m。

2.2.2　抛石落距

抛石落距 L 与水深 h、水流速度 v、石块在静水中下沉速度 ω 有关，试验成果分析，已知平均值 $\omega = \sqrt{1.31(s-1)gd}$，一般石块比重 $s = 2.4$，$g = 9.8$ m/s^2，则得简式如下：

$$\omega = 4.24\sqrt{d} \tag{2-3}$$

直河段抛石落距

$$\frac{L}{h} = 0.98\,\frac{v}{\omega} = 0.231\,\frac{v}{\sqrt{d}} \tag{2-4}$$

河湾抛石落距

$$\frac{L}{h} = \left(\frac{v}{\omega}\right)^{3/2} = 0.115\left(\frac{v}{\sqrt{d}}\right)^{3/2} \tag{2-5}$$

式(2-4)和式(2-5)比较可知，$\frac{v}{\omega} < 1$ 时，直河段抛石落距稍远；$\frac{v}{\omega} > 1$ 时，河湾抛石落距稍远。例如水流速度 $v = 2$ m/s，抛石等效直径 $d = 0.2$ m，代入式(2-3)得石块下沉速度 $\omega = 1.9$ m/s，直流河段抛石落距 $L = 1.03h$，河湾抛石落距 $L = 1.09h$。

河湾凹岸抛石区别于直河段，必须考虑环流影响，主要是河湾水流的离心作用，凹岸水面高于凸岸，从而形成环流再与主流汇合形成螺旋水流前进。所以尤其是深水中抛石小块石是不能忽略的，其落点较抛点趋向河心，群体抛石在横向散落片呈扇面分布，小石块落在更下游偏河心一方，大石块落在稍上游偏凹岸一方，落石都会向凸岸偏移，距离可根据下面河湾水流的环流公式按环流速 v_r（沿半径方向流）与主流速 v_θ（沿弧线转角度流）的比例 $\frac{v_r}{v_\theta}$ 估算。

$$\frac{v_r}{v_\theta} = \frac{0.9B}{B + r_2} \tag{2-6}$$

式中:r_2 为凹岸的弯曲半径;B 为河水面宽度。

例如 $r_2 = 500$ m,$B = 150$ m,主流速 $v_\theta = 2$ m/s,代入式(2-6)得环流速 $v_r = 0.4$ m/s,即比值 $\dfrac{v_r}{v_\theta} = \dfrac{1}{5}$。

上文中,已知抛石 $d = 0.2$ m,共落距 $L = 1.09h = 1.09 \times 6 = 6.54$(m),则知此河湾凹岸抛石,因环流作用将向河心偏移 $\dfrac{1}{5} \times 6.54 = 1.31$(m)。

2.2.3 规划抛石方案

掌握了抛石落距与抛石大小的规律,就可设计抛石船的定位及抛石大小、数量、先后程序的最优方案。例如,由上游沿边岸逐步从上游向下游抛,或者先抛小碎石,再在其下游抛大块石,力求达到碎石垫底的作用。考虑到弯道水流作用,也可采用在抛石船靠岸一侧先抛小碎石块,另一侧抛大石块等措施。

如图 2-2 所示为英国抛石防冲实例,可供参考,作为预期的抛石断面。护坡必须在坡脚多抛石料以防填补预估冲刷坑面使之稳定(类同我国常用的块石防冲槽),防止坑面继续下切。贴坡碎石垫层厚度 0.1 m,如有土工织物也可作为垫层,其上抛石厚 0.5 m 左右,坡度不宜陡于 1∶1.3。

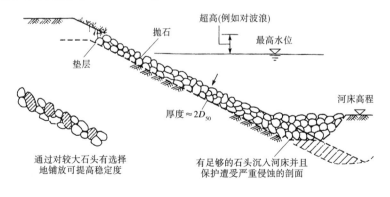

图 2-2 抛石防冲实例

2.3　丁坝挑流防护堤岸

丁坝是稳定河势常用的治河工事,它的作用不同于维持原河势的护岸工程,而是靠系列丁坝间的淤积形成新的岸线改变河势的。但也就排除了堤岸被顶冲淘刷的险情,特别是在河湾的凹岸部位常布置丁坝群挑流防冲以控导主流,如图 2-3 所示。对于改造河湾的新岸线距老岸线较远时,还可在施工中分期实施,开始筑一系列较短丁坝,待淤积后做好护岸再延长丁坝,这样可以避免淤浅的沙洲离岸坡远而在近岸处留下深塘。丁坝布局以下挑丁坝为宜(15°左右)。因为上挑式土石丁坝难以适应各级流量,在涨落水时险工段将随流量变化而上提下挫,不断改变顶冲位置;特别是游荡型河流,上挑丁坝容易引导水流坐弯钻档"入袖"冲刷堤岸,带来新的威胁。因此,除非进行针对性的河工模型试验,不宜采用上挑丁坝。

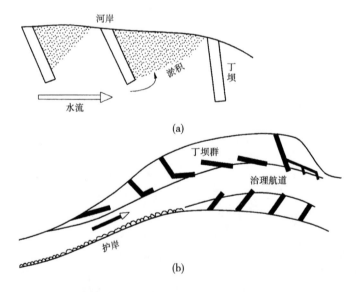

图 2-3　河湾凹岸丁坝挑流防冲

有时在宽广的水域,例如河口港湾围海地区,也堆筑单一较长的丁坝控导水流或潮汐变化的进出流量。

堆石体丁坝或者土心堆石体较多,以适应滩地的沉陷及淘刷,还可就地取材充填土工袋。坝顶潜水或者向河心倾斜逐渐潜入水下,减轻坝头的冲刷。这类抛石体丁坝头必须抛石足够大,确保根石不走失,并使抛石外延平铺一段,甚至考虑底脚的垫层以稳定坝岸结构。

因为绕坝头的水流特别弯曲和集中,冲力特大,在调研钱塘江左岸一较长的丁坝头冲毁时得知,原有 1 m^3 预制混凝土块及大块石均被涌潮冲走很远(1 km 处),所以换预制 2 m^3 大体积混凝土块沉放坝头进行护坡脚及护底工程。如果坝头粉细砂河床能够铺上土工织物垫层再沉放大块石,将对防冲有利;有条件者围桩裹头也可考虑。

丁坝头绕流处的河床冲刷取决于坝头处的流速或单宽流量,对于涌潮浪高前进的流速也可引用式(2-1)起动不冲临界流速与块石大小的关系 $v_c = (6\sim8)\sqrt{d}$ 计算。像钱塘江丁坝头受涌浪高 $H = 3$ m 左右时的流速可由一般水力学公式流速与水头的关系 $v = \sqrt{2gH}$ 算得 $v_c = 7.7$ m/s,再代入块石大小公式算出大块石或混凝土直径 $d = 1.2$ m。

对于不透水正挑单一丁坝头处的河床冲刷如图 2-4 的平面所示。根据势流理论分析丁坝头附近 1 m 处过水最大单宽流量 q_{max} 的计算公式如下(见参考文献[1][2]):

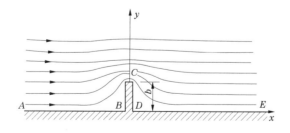

图 2-4　丁坝头水流集中平面图

$$q_{max} = \frac{q_0}{\sqrt{1 - \left(\dfrac{b}{1+b}\right)}} \tag{2-7}$$

$$v_c = \frac{q_{max}}{h}, \quad q_0 = \frac{Q}{B}$$

式中: q_0 为河流的平均单宽流量; b 为丁坝长; B 为原河宽; Q 为河道流量; v_c 为不冲临界流速; h 为水深。

以式(2-7)算出的 q_{max} 代入后面所述水面以下冲深 T 的公式, 计算河床冲深; 也可代入公式 $v_0 = (6\sim 8)\sqrt{d}$ 计算不被冲走的抛石大小 d, 若为丁坝群的系列布局, 其坝头冲深应较公式计算的小些。

除上述丁坝群防护堤岸外, 还有与生态环境相关的植树造林固滩等措施防护江海堤岸。详见参考文献[2]《堤防工程手册》。

对于常用的块石护坡及过水堆石坝的稳定性计算问题见 3.6 节。溢流加渗流的堆石坝过水单宽流量 $q > 2$ m²/s, 坝坡石块就需要 1 m³ 的石块, 必须采取护顶及护坝肩措施。若堆石坝河床为砂基, 自然还得做好土工织物垫层, 避免接触冲刷破坏。

2.4　江河崩岸类型

从图 2-5 所示横剖面图上看, 由于洪水淘刷河岸坡脚或降雨所发生的崩岸滑坡类型有: 图 2-5(a) 为浅层崩坍滑坡, 多发生在降水入渗时的非黏性土坡; 图 2-5(b) 为平面崩坍, 多发生在黏性差的较陡河岸; 图 2-5(c) 为板状崩坍, 多发生在黄土河岸或有裂缝的河岸; 图 2-5(d) 为圆弧滑坡, 多发生在较陡的中等调试均质黏性土河岸; 图 2-5(e) 为复式圆弧滑坡, 多发生在淤泥土层上的缓坡; 图 2-5(f) 为大体积圆弧滑坡, 多发生在多雨季节河岸冲刷的河谷高边坡; 图 2-5(g) 为悬崖崩坍, 多发生在下卧砂砾土淘刷后的黏性土河岸。

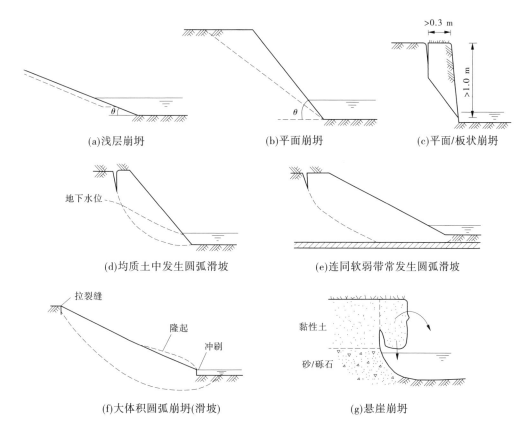

图 2-5　崩岸类型横剖面图

2.5　崩岸滑坡原因及实例

迎溜顶冲淘刷岸坡是河流直接引起崩岸的外水作用力,另一隐蔽的地下水渗流也是引起崩岸土体的内水作用力。外水淘刷取决于河水流速和流向,同样地下水也是如此。于是崩岸多发生在长期涨水过程开始回落之际,此时地下水流向也就转向岸坡流出,而且洪水刚退时岸坡脚尚未落淤仍处于严重淘刷状态。因此,洪水开始回落在滑坡计算中是最不利的水力破坏条件。

土体的抗剪强度则是抵抗崩岸滑坡的内在因素,由于土体强度 c、φ 值在浸水饱和状态要比平时不浸水降低很多,据三轴仪试验,φ 值变化不大,c 值变化很大,美国垦务局规定完全饱和砂质黏土及

中低塑性黏土的 c 值为其最优含水量击实情况的 15%左右,甚至试验结果也为完全饱和黏土的黏聚力将降低到饱和度为 60%时的 1/10 左右。因而在涨水高水位期间有时也会发生崩岸滑坡险情。由此岸坡的土质结构,其抗崩滑和防冲能力则是决定崩岸的内在因素。一般来说,粗砂砾土层及风化岩屑碎片排水块,不会因洪水回落时在土层中发生较大的孔隙水压力;黏土抗冲力强;只有掺杂粉砂细砂的土层最易被河水流速和波浪的淘刷,同时也会在洪水回落时土层中滞留较大的渗流压力,因而是最易引起崩岸的土质结构。

长江三峡水库 2003 年开始蓄水抬高 60 m,达到三期工程蓄水位 135 m 时,库区干支流崩岸滑坡有 4 719 处,比蓄高水位前增加近一倍。可见浸水影响边岸稳定的严重性。

除土质结构本身和河水及地下水作用是影响堤岸崩坍滑坡的主要因素外,降雨入渗、顶部超载、裂缝、底脚淘刷、地震等也是促使崩岸的因素;如图 2-6 所示为引起大滑坡及浅层滑动或崩岸的各因素和过程(见参考文献[3])。据此上所述崩岸原因将有助于对险情采取合适控制措施。

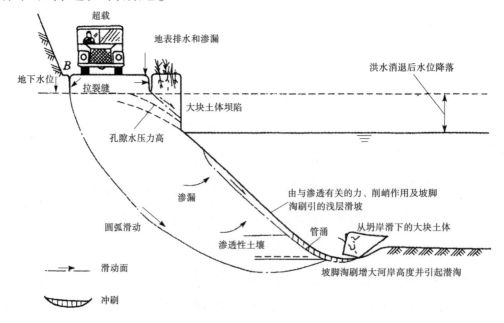

图 2-6　引起崩岸滑坡的各因素及过程示意图

下面举几个可供参考的大滑坡典型实例及其原因分析。

图 2-7 为挪威德拉门河岸在河水位回落低于地下水位时的坍坡，因为岸土强度基本相同，故沿着边坡较陡坡段的底脚滑出；打桩不深，也未起到阻滑作用。图中计算土容重数据单位为 t/m^3（$1\ t/m^3 = 9.8\ kN/m^3$）。

图 2-8 为一天然河岸大开挖后（Eau Brink Cut 的西岸），由于降水和河水淘刷，岸坡土层在河水回落时又有地下水渗流较高压力冲向岸坡，导致多层岸坡发生的大滑坡。

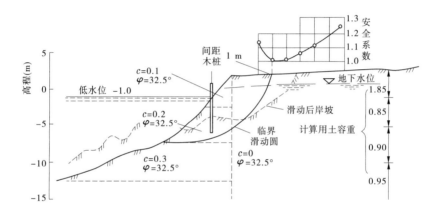

图 2-7 挪威德拉门河岸均质岸土沿陡坡底脚滑动实例

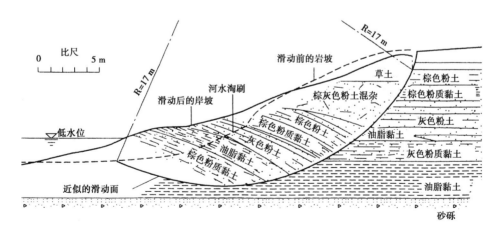

图 2-8 天然多层次岸土的滑坡实例

由以上典型崩岸滑坡实例,可知除岸土层结构控制着滑动面的位置和形式外,促使滑坡的外力,经常是降水和河水回落、渗流冲向岸坡,及涨水时河水淘刷坡脚等导致下滑力大于抗滑力的结果。

2.6　崩岸滑坡险情控制措施及实例

对于可能发生或已有迹象崩滑的堤岸或边坡,应尽快采取预防措施防止险情的到来和恶化。从以往研究的有关内容,可归纳控制崩岸滑坡的措施为:①削坡放缓,即削上部土堆压于下部;②排水降压改变渗流方向;③护坡防冲防浪;④提高阻滑能力,如挡土墙阻滑、抗滑桩与护坡加固;⑤丁坝挑流改造河岸;⑥草皮护坡、林台固滩防浪。

下面举河谷山坡控制崩岸滑坡措施的实例供参考,图 2-9 为美国 Colorado 河谷山坡,已有滑坍下错迹象,采取了削坡措施,同时整修地表排水及地下排水稳住了崩滑险情。原有山坡抗滑的安全系数设为临界值 1;若削去影线部分坡体 AB,计算安全系数为 1.01;若削去同体积的坡体 B,计算安全系数为 1.3。因而采取削坡体 B 的措施,因为山坡裂缝多而深,起伏不平,降水渗漏影响坡体的稳定,故必须整平坡面、填补缝隙,做好地表排水沟系统。对于坡体内部地下水排渗措施又增设新排水洞(洞壁周边还可钻孔深入山体增加排水量),使滑动面附近的孔隙、裂隙水压力降到最低,同时也改变了冲向坡面的渗流方向,可谓控制山区河谷高边坡稳定措施成功的一例(Peck and Ireland,1953)。

图 2-10 所示为斯洛伐克某多裂隙泥灰岩黏土地带开挖成 1∶4 缓坡时,1965 年雨季在坡脚发生轻微浅层滑动,向上发展 50 m 逐渐到坡顶,当时即采取打桩阻止坡土继续滑移措施,42 根长 6 m 的桩,打入钻孔深 4 m,间距 1~1.5 m,并以钢筋混凝土板阻止桩间土的移动,板后设砂滤排水沟,此后的稳定坡平缓为 1∶5(Zaruba and Mencl,1969)。此例缓坡,如果再陡,在暴雨之下就要形成泥石流险

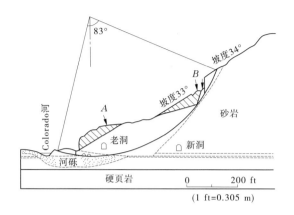

图 2-9　Colorado 河谷山坡控制崩滑措施实例(1 ft = 0. 305 m)

情。打桩阻滑只能适应浅层滑动;深层滑动应改用灌注桩墙及拉索板墙阻滑。

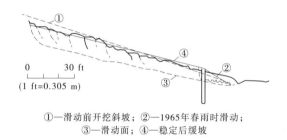

①—滑动前开挖斜坡;②—1965年春雨时滑动;
③—滑动面;④—稳定后缓坡

图 2-10　桩排阻滑实例

图 2-11 所示为法国东南边界山区开挖沿河公路时,1976~1981 年连续发生多处大滑坡中的一处(P250)。经过钻探地质构造复杂,坡体为泥质岩屑卵石,滑动面沿着泥灰岩风化带,背后深处为灰岩。滑坡后经过周密研究分析,采取了上部屑坡 1 : 1 减载(实线),并留平台;表面排水沟结合地下抽水井。排水井布置在两级阶台边上,各四个井,间距约为 10 m,井径 125 mm,钻井深度到滑动面下的泥灰岩,井底各装一潜水泵,不连续地抽取井中积水降低地下水位。该设计经过计算安全系数 $\eta = 1.3$;若没有抽水井 $\eta = 1.15$;若只是原设计情况,如图 2-11 中的虚线,$\eta = 1.01$。该坡研究分析还比较了修筑挡墙隧洞、锚固等修复方案,但费用高而放弃。采用抽水井及上部减载修整边坡后,未发生滑坡(Pilot and Mangan, 1985)。

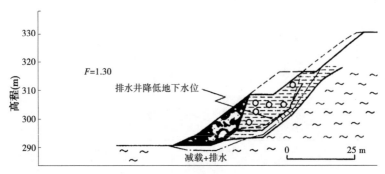

图 2-11　河谷山坡开挖公路时的大滑坡治理实例

像上例(见图 2-11)采用抽水井不连续抽水降低地下水位解决有滑坡迹象的岸坡问题。我们研究江河洪水回落时的崩岸问题也做了一些渗流方向对岸坡稳定性影响的计算。如图 2-12 所示为土力学指标 $c=10$ kPa, $\varphi=18°$ 的一组计算结果;当岸坡土饱和渗流朝向坡面流动时(图中虚线等势线所示),图示圆弧滑动安全系数 $\eta \approx 1$,若在岸上钻井一排(井间距 20 m)抽水使岸坡渗流反向而朝向抽水井流动时(图中实线等势线分布所示),图示圆弧滑动安全系数就提高到 $\eta=1.6$。此项措施类同沿堤减压井列降低洪水期间的地下水压力防止发生管涌险情。而抽水井则是在洪水回落时或多雨时间断抽水降低地下水位防止临危岸坡或河谷边坡的崩滑险情。

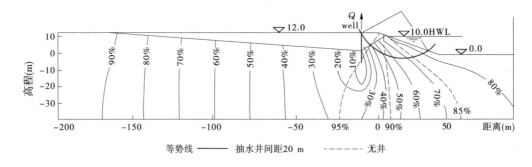

图 2-12　沿岸钻井抽水提高岸坡稳定性算例

2.7 改变地下水流向防止崩岸滑坡

关于隐蔽在堤岸内的地下水渗流破坏作用尚重视不够,而它向外渗流却与外水顶冲坡面有类同的破坏作用。于此再对渗流方向的重要性进行说明。如图 2-13 所示在三种情况下的地下水流网都冲向边坡,以图 2-13(b)、(c)两种情况影响坡面较大,若以渗透力考虑问题,此渗流方向可认为沿岸坡出渗,设其渗流坡降为 0.3 左右;则单位土体(1 m³)受到沿坡面滑动的渗透力为 $\gamma_w J = 1\ 000 \times 0.3 = 300(kg) = 0.3\ t$,此时岸坡出渗段饱和土体的单位(1 m³)浮重约为 1 t,其沿坡面下滑力应为 $1 \times \sin\beta$,β 为坡角,$\beta = 30°$ 时,单位土体下滑力为 0.5 t,至此坡面土层,特别是河谷水位出渗段附近土坡的下滑危险性增加 0.3/0.5 = 60%,也就是土坡或抛石护坡浅层滑动的安全性降低了 10%,至于深层滑动的安全性,据劳恩斯(Brauns,1977)较早对库水位下降时的坝坡渗流向下、沿坡面、水平三者的坡降依次为 $J = 1$、$\sin\beta$ 和 $\tan\beta$,算得坡角 $\beta = 30°$,滑坡安全系数依次为 $\eta = 1$、$\eta = 1/2$ 和 $\eta = 1/3$,如图 2-14 所示。因此在地下水位较高(降雨入渗或有水源补给)河流洪水位回落时改变渗流方向不冲向岸坡也应是防止崩岸的有效途径。

降低可能滑坡的岸坡措施,就是在附近钻井四五个,深到滑动面下,间距 10~20 m 深井泵间断抽水。

2.8 崩岸滑坡迹象与监测

滑坡是极为普遍的险情,包括山体滑坡、泥石流、江河崩岸等都是地质灾害,地质学家对这些险情灾害多从其地质结构、研究现象的自然形成、漫长历史的变形和失稳的原因过程,以及较大规模的崩滑堆体积是否已处于稳态等。而工程师们则多从土力学、渗流力学、水力学方面,研究水流冲刷评价其安全性及控制崩滑的措施。当然也必须密切联系地质构造、岩土层的分布。而且

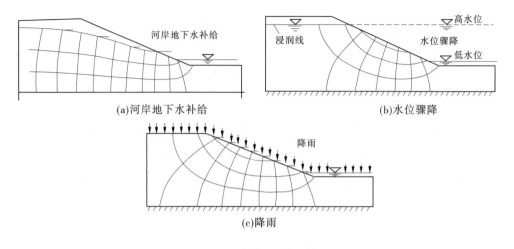

(a)河岸地下水补给　　　　　　　　　　(b)水位骤降

图 2-13　三种渗流情况的流网

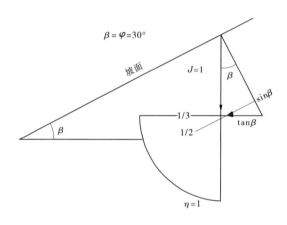

图 2-14　渗流方向对岸坡的影响

还要像上述实例能发现滑坡迹象及时采取控制措施,就可避免险情的恶化。下面结合工程实例概括介绍崩岸滑坡的迹象监测和控制措施。

　　崩滑迹象因其成因而不尽相同,从滑坡力学性质分类有剪切失稳与塑流、液化之别。对于抗剪性滑坡,其迹象首先是堤岸土坝顶面或坡面发生裂缝继而发生一些不连续的小裂缝。主裂缝两端再逐渐以弯弧形向堤岸土坝下部延伸发展,变形逐渐加快;然后主裂缝两侧渐错开并加大;再发展,滑动体下部出现带状或椭圆形隆起平台,并水平向外推移。此种滑坡多出现在坡陡处。滑坡前的河岸,由于洪水时波浪冲刷顶部,长期低水位淘刷岸坡底脚,岸坡的上下也多形成陡直坡段,塑流性滑坡多发生在含水量大的高塑性黏土的填筑堤坝及其地基,由于土的蠕动作用,坡面的位移逐渐增加,顶部下沉,趾部隆起,发展较快。液化性滑坡多发生在堤坝及其地基为均匀而密实的细砂土体,当细砂饱和时受到振动会突然发生液化性坍滑,事先没有迹象;不过堤防是很少有液化的。

裂缝是崩滑的先兆,但应区别于其他裂缝,例如,干缩和冰冻裂缝是毫无规律的交织状短浅裂缝,容易识别;沉陷裂缝则主要是上下错动,裂缝延伸两端也无向坡面下部发展的弯弧形,而且上下错动及缝宽的发展过程是随时间减慢的。因此鉴别堤岸土坝崩滑裂缝的特征有:①主缝形状有两端向坡面下部发展逐渐弯曲的趋势,缝两侧也往往有错动;②裂缝发展过程是初期缓慢,后期逐渐加快;③裂缝后期的位移观测是坡面出现持续而显著的位移,直到位移量突增,滑坡形成,而且是坡的下部平位移量大于坡的上部,垂直位移是上部向下,下部向上。除上述裂缝预兆滑坡外,还可从边坡的陡缓、地形外貌、演变历史、植物生长、土层、渗流冲刷等情况加以推断滑坡的可能性。例如,渗流浸湿坡面的位置逐渐扩大上升趋势,河水位降落时堤岸地下水位仍高、堆填筑堤坝期间孔隙水压力上升高于设计值、测压管水头变化失常等现象都值得进一步分析滑坡的可能性。甚至山区河岸边坡上长出的树木,其地面上的树曲直倾向也代表着生长过程中有无缓慢发展滑坡位移的信号。

对于可能发生崩滑的堤岸边坡欲预测其发展,则可参考上述滑坡性质在滑动面及位移变形较大处埋设监测仪器,例如钻孔装置测斜仪、渗压计、测压管等,甚至在坡脚打桩简易测其位移量。下面举一个滑坡监测位移实例,如图 2-15 所示,开始位移裂缝发展很慢,渐快到加速破坏。

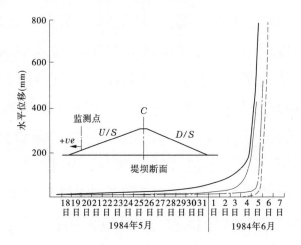

图 2-15　Carsington **土堤坝滑坡监测水平位移过程**

第 3 章　海堤险情及围海工程实例

3.1　湖海堤防的破坏形式

堤防的破坏机制主要是水、土、结构三者之间的相互作用,能了解这些破坏机制将有助于识别险情的发生和采取防止或补救破坏的好的措施。前面所述堤防破坏偏重于水流冲刷、渗流冲蚀与土之间的相互作用。对于海堤来说,主要是偏重于波浪与护坡之间的相互作用。这些破坏形式,除漫顶冲决外,可归纳如图 3-1 所示的 12 种破坏形式。图 3-1(h)、(i)中的 t_1、t_2、t_3、t_4 表示管涌发展过程的次序(前文已有图 1-1 所示的堤防破坏形式,这里再补充护坡面层和波浪作用,见参考文献[1])。

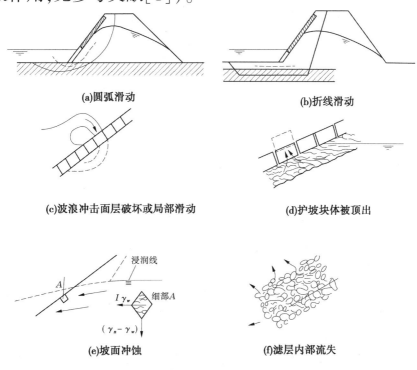

(a)圆弧滑动　　　　　　　　　　　(b)折线滑动

(c)波浪冲击面层破坏或局部滑动　　　(d)护坡块体被顶出

(e)坡面冲蚀　　　　　　　　　　　(f)滤层内部流失

图 3-1　湖海堤防的破坏形式

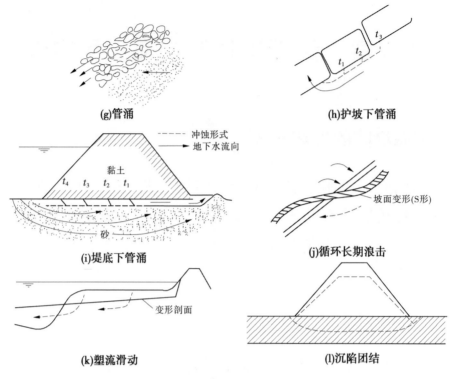

(g)管涌

(h)护坡下管涌

冲蚀形式
地下水流向

黏土

t_4 t_3 t_2 t_1

砂

(i)堤底下管涌

坡面变形(S形)

(j)循环长期浪击

变形剖面

(k)塑流滑动

(l)沉陷团结

续图 3-1

由图 3-1 可知,包括外部水流顶冲和浪击与内部渗流的冲蚀,是主要的破坏力,而土体和护坡结构的稳定性也就与水密切相关,必须妥善考虑水的侵袭,也就是安全堤防要有三防(防冲、防浪、防渗)的抗拒能力。有时还需考虑雨水的冲刷入渗。

3.2 护坡的破坏

护坡的破坏也可形象地归纳如图 3-2 所示的 6 种可能情况。其破坏机制仍然是水、土、结构三者之间的相互作用。对于抛石、铺砌板块和不透水的沥青和混凝土的护面层三种典型护坡结构,如图 3-3 所示。所受的主要破坏力也有不同,依次为波浪的下拖力、内水顶托力和波浪冲击力。

为抗拒这些内外水的破坏力,就需要大块石和其下的透水性滤层。其他加强护坡的方法还有勾缝,浆砌或以灌注沥青、混凝土等黏合剂,但又会形成不透水刚性护面层,易受沉陷裂缝破坏的威胁,于是又宜使护坡有一定的柔性。总之护坡安全的要求,互相会有一定的矛盾,需要按照具体情况加以考虑。

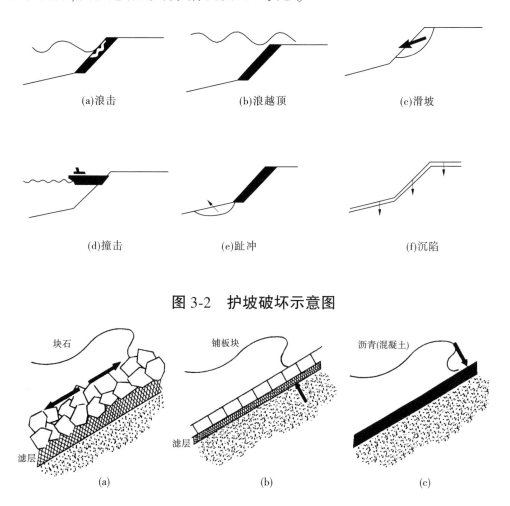

(a)浪击　　　　　　　(b)浪越顶　　　　　　　(c)滑坡

(d)撞击　　　　　　　(e)趾冲　　　　　　　(f)沉陷

图 3-2　护坡破坏示意图

图 3-3　波浪作用下的三种典型护坡

3.3　海堤的破坏险情

　　海堤、防波堤的结构特点是设较宽的消浪平台。因为很多乱抛石防波堤的模型试验说明波浪不断冲击下的坡面会自然形成平台,如图 3-4 所示为波浪爬坡破碎时的瞬态过程,波峰集中打击静水面下附近的坡面;结果就不断冲刷成平台并逐步扩宽,如图 3-5 所示;

最后形成稳定的剖面。这也是设消浪平台的依据。在东南沿海的调研报告中也充分论证了其优越性。

消浪平台的宽度可取有效波高的 1～4 倍,愈宽消浪减少爬高的作用愈大。平台的位置设在高潮位静水面高程,其消浪作用最大。足够宽($B=4H$)时,还能消浪爬高 40%。

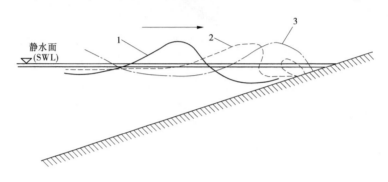

注:1,2,3 分别代表不同的时刻

图 3-4　波浪爬坡破碎时的瞬态过程

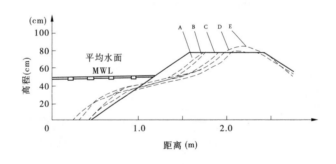

注:A,B,C,D,E 分别代表不同的时刻

图 3-5　浪击 3 000 次的堤坡剖面过程

正因为消浪平台的消能作用,也就成为护坡破坏的首要部位,浪击平台前沿首先松动破坏。所以加固修复工程,都必须特别加固。如图 3-6 所示为福建省南洋海堤的消浪平台加固条石布置。干砌块石还应铺设滤层防护土体的稳定。

关于加固被冲毁的消浪平台,如果是抛块石(像防波堤的堆石体)则可简单计算,例如波高 $H=2$ m,则可换算流速 $v=\sqrt{2gH}=6.26$ m/s,作为临界不冲流速 v_c 代入下面简式(见附录 A):

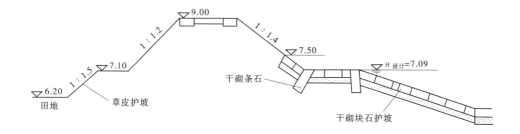

图 3-6　福建省南洋海堤护坡平台形式　（单位:m）

$$v_c = (6 \sim 8)\sqrt{d} \qquad (3-1)$$

浅水用冲刷系数 6 算得块石大小 $d = 1.08$ m;对于堤脚抛石,水稍深,用冲刷系数 7,算得块石大小 $d = 0.8$ m。小于计算的块石尺寸,就需条石砌或浆砌。

对于抛块石防波堤和抛块石护岸的防波浪冲刷的稳定性计算与平底河床上抛石的稳定性比较,可在抗冲的块石重力项引入 $\cos\theta$,θ 为抛石岸坡的坡角,即近似算式如下:

$$v_c = (6 \sim 8)\sqrt{d\cos\theta} \qquad (3-2)$$

例如抛石护坡为 1:1.5 时,$\cos\theta = 0.832$,波浪高度 $H = 2$ m,则换算流速 $v = \sqrt{2gH} = \sqrt{2 \times 9.8 \times 2} = 6.26$ m/s,作为 v_c 考虑代入式(3-2)计算,深水时用系数 8 可得 $d = 0.74$ m。

关于抛石或人工块体护坡的稳定性算法还可参考赫德森(Hudson)经验公式,见参考文献[2]中的第 5 章海堤。

3.4　海堤因台风暴潮袭击的毁坏险情

海堤破坏除上述经常性浪击局部破坏外,更严重的毁坏性破坏是台风暴潮的袭击,每逢台风就会决口毁堤数十千米以上,灾害险情严重。例如调研过的 9417 号台风对东南沿海海堤的毁坏险情。由于原海堤设计标准低(10 ~ 20 年一遇),抗御不了超过 100 年一遇的特大风暴潮袭击,必然要遭到严重损坏。毁坏过程是崩溃决口再被海水冲刷扩大,主要是开始由于越浪水流冲刷堤顶,先在防浪墙后冲成深沟,防浪墙沉陷倾倒,形成海水漫顶溢流冲刷土堤再使块石护墙层层坍落直至削平堤体;或者由于防浪墙后冲沟积水下渗淘刷滤料泥土使墙后失去平衡发生溃倒。一旦块石护墙倒坍,土堤部分就很快被冲平,以图 3-7 浙江省温岭县海堤毁坏实测断面表示堤体溃决的过程:图 3-7(a)为东浦新塘,长 1 930 m,严重越浪先将堤顶石渣冲成一道深沟,有 1 570 m 长的防浪墙被冲倒;图 3-7(b)为南门外深塘,长 1 000 m,图示断面表示三种情况,实线完好无损是塘前种植互花米草的 750 m 堤段,两虚线是没有种草的 250 m 堤段被冲成的两个 56 m 长的缺口,且其余部分的防浪墙也都沉坍、堤顶内坡冲成深沟,说明种草消浪作用很大;图 3-7(c)为国庆塘,长 1 486 m,为 1988 年建成的 20 年一遇的标准塘,外坡基本完好,但严重越浪,塘顶石渣和种有芦竹的内坡被冲坏;图 3-7(d)为观呑塘,长 1 820 m,新建的 10 年一遇标准塘朝向 89°迎着风浪,与图 3-7(a)的塘成直角,全线毁坏,说明朝向冲击力的显著差别。由这些破坏图形也可看出在直立式、斜坡式和带平台的复式塘三种形式中当以后者较好。

关于海塘冲刷大决口的地点,据永嘉县调查资料多分布在河口局部沉降大、堤内地面低、堤外松软和滤层差的地段,因为在这些海淤软土上筑堤,排水固结和防止渗透变形是一个重要问题,隐蔽地下,往往被人忽视,酿成后患。

至于海堤毁坏的其他原因,还有块石不够大、砌筑方法不当、填土夯实差、滤层不合格,以及平时有淘刷空洞、发生裂缝形成局部损坏没有及时修补等施工质量和管理方面的问题。

根据调查,标准海塘 203.7 km 的损坏百分比可知,带平台的复式断面结构形式图 3-7(a)最好,其次是直立图 3-7(b)和斜坡式图 3-7(c),折坡式图 3-7(d)由于转折点处浪击集中,毁坏最惨。若只考虑全毁和严重毁的比数,则复式断面毁坏更可降低为 26.3%,

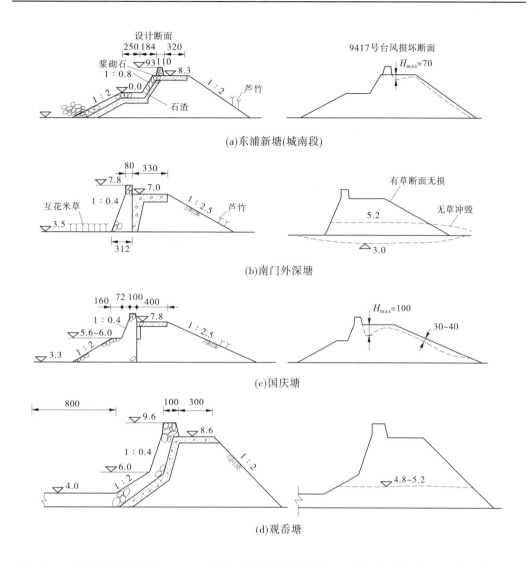

图 3-7　温岭县海堤在 9417 号台风中受损情况　（单位:尺寸,cm;标高,m)

斜坡式 30.7%,直立式 33.6%,折坡式 43.3%。说明直立式和折坡式塘多是倒坍大坏,带平台复式和斜坡式塘多是局部小坏。总之调查数据统计分析的结果,显示带平台的复式断面是最优形式,平台宽度一般为 2~3 m,可设在设计高潮位;平台位置不宜再低于高潮位。舟山市普陀区的群围塘和反帝塘就有过平台低而被浪冲击全部倒塌的教训,但是椒江市海塘在这次台风的经验是平台超过设计高潮位时消浪效果不大。因此,平台的位置可控制在设计高潮位,并应在此波浪变化幅度在 $1\sim2$ m 加强护面材料结构,使其能抗拒浪击和渗流顶托;平台前斜坡做成阶台式或平台顶筑消力槛一道,更有助于消能;平台以上斜坡也不宜太陡,到堤顶最好接以弧形反浪墙。

至于海堤(也称海塘)的决口险情,并不像江河决口,必须立即抢险,而是退潮后整修加固或复堤再建,上述破坏过程经验教训值得加固或再建工程借鉴,可以提出更好的海堤复建蓝图,如图 3-8 所示为再建海堤设计剖面之一。实践中浙江海堤外滩种植互花米草、江苏种植大米草、广东种植红树林有很好的消浪作用。

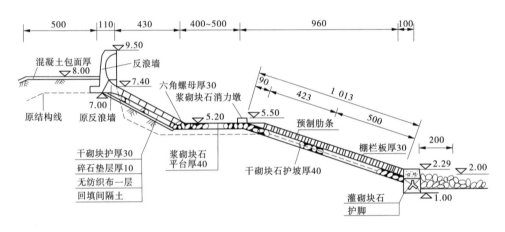

图 3-8　上海市标准海塘断面设计剖面之一
(外高桥海堤)　(单位:尺寸,cm;高程,cm)

3.5　杭州湾潮浪的冲刷力

关于杭州湾沿岸的海堤(塘),在杭州至尖山河段,由于宽达 100 km 的杭州湾口抵尖山忽然束窄形成强大的涌潮,河口最大潮差达 8.96 m,在洪、潮、风的作用下,该段海塘多次发生满溢溃决,近千年来曾溃决 230 次,溃决后咸潮、泥沙内灌,田禾多死,内河淤塞,损失极大。20 世纪 9417 号台风,钱塘江海堤只受边缘影响,浆砌防潮浪墙(像石头城墙),损失较少,而且观潮景区海塘都是历代加固的条石。

钱塘江涌潮是对海塘的主要破坏力,却是极大的。潮在北岸大尖山、南岸夏盖山附近形成,实测到的涌潮最大压力为 7 t/m²,海宁附近河段的涌潮高度在 3 m 左右,传播速度一般为 5~7 m,最大速度可达 12 m/s[验算 $v=\sqrt{2gh}=\sqrt{2\times9.8\times7}=11.7(m/s)$],涌潮奇观及其破坏力之大,世界少见。在老盐仓排涝闸的出口河床上,看见布满着半吨重左右的大石块,露出潮位后像堆放的拦门槛,据介绍是下游 2 km 处的丁坝坝头被涌潮冲毁带到上游来的,而且到下游又看到丁坝被冲毁改换为预制大体积混凝土块(2 m³ 左右)沉放在坝头坡脚作护底防冲工程。据介绍丁坝头 1 m³ 的预制混凝土块曾被冲到上游 1 km 处,1.5 t 重的混凝土"铁砧"形成体被冲到上游 200 m 处,5 m³ 的大块混凝土也被冲走。这在一般河工,港湾工程是难以想象的。

3.6　围海堵口堆石坝的截流工序

位于海湾的围海堵口海堤由于港口水深浪大,施工时难以像岸边海堤砌筑堤脚石墙,而经常是采用抛石堵口先截流再填土闭气的施工方法。福建省沿海港湾多,这类与海争地的围垦、制盐、养殖业或便利交通等的堵口海堤也就很多,如厦门附近的吉林高集海堤,九龙江口的紫泥海堤,漳州市东山县的西埔湾海堤,泉州的西滨农场海堤,宁德地区的东湖塘、西陂塘等海堤。经过调研了解这些海堤的施工过程,在抛石截流方面,一般是立堵平堵结合,先立堵进站,留口门数十米,因地制宜用大石块竹笼桩裹头,再进行平堵抛石,堆石体的石块外大内小以便与闭气土体过渡,堵港的堆石体也应以砂石碎片或草垫海泥、芒草、贝壳等护底,再抛石堆高。堆石坝的堆高过程如图 3-9 所示。

抛石截流的过程就是形成一道堆石坝,在水深处抛石,先是抛石堆如图 3-9(a)所示,在涨潮时抛石较小石块将落在下游坝脚。继续抛石形成宽顶堰,并因堰顶急流冲落石块坍塌成坡面,如图 3-9(b)所示。抛石体继续增高露出水面,如图 3-9(c)所示,截流后只是渗漏水量,坡面石块可趋稳定。此时即可整修抛石体外

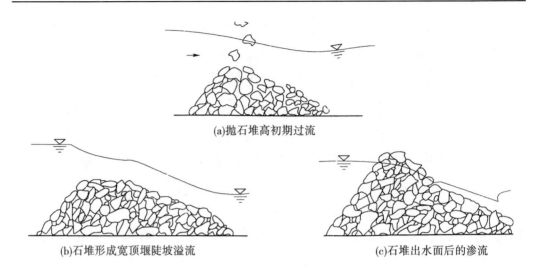

(a)抛石堆高初期过流

(b)石堆形成宽顶堰陡坡溢流　　　　　　　　　(c)石堆出水面后的渗流

图 3-9　抛石截流过程的水流

形,准备闭气工程的实施。

因为上述过水堆石坝用途很广,不少学者曾对此堆石坝过水稳定性进行试验,成果可供参考,其稳定性主要取决于过水单宽流量和坝坡的陡缓。例如沙也夫(Schaef,1964)在柏林水工所对高 1.5 m 的模型堆石坝试验结果,见图 3-10,图中的圆是由式(3-5) $\cos\theta=1$ 时计算的。同样,哈通(Hartung/Scheuerlein,1972)等的试验成果,如图 3-11 所示三种情况的区别,即:①渗流加溢流;②只有渗流;③前坡有面板不透水,只是坝顶溢流。都给出以等效球体直径和平均直径的试验结果(见参考文献[2])。

若引用块石护坡稳定性公式于堆石坝溢流过水时,式中的水深 h 则可由坝顶过水临界水深,见式(3-4)。公式计算点见图 3-10。

围海堵口宜在小潮期间进行,可利用涨落潮的周期性特点安排施工程序,尽量在潮位低、潮差小的时间完成堵口合龙任务,而且还可运用已建的围垦区水闸双向泄流调控平衡内外水位来减小龙口流速。所以,在围海堵口施工前需要进行一些水力学问题的计算,例如龙口的流速及其冲刷,结合潮水位演算施工过程中平堵抛石堤顶、堤坡脚和立堵进占口门等部位水流的最大流速,借以确定抛石大小或选用其他人工混凝土块。在开始平堵期间,抛块石大小可引用其临界不冲平均流速公式(因为堆石坝过水有渗流,也有溢流,用 q 比 v 合理)。

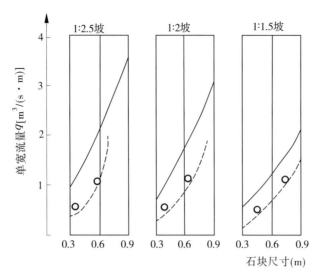

注：——— 球体等价直径；　------ 平均粒径 $d = \sum d_i p_i / \sum p_i$

图 3-10　堆石坝冲动试验结果比较(Schaef)

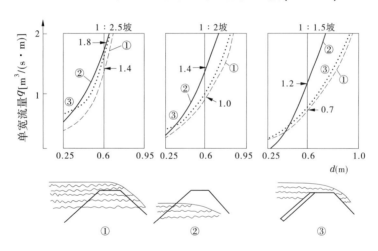

图 3-11　堆石坝冲动试验结果比较(Hartung)

$$v_c = \frac{q}{h} = 0.75 \sqrt{(s-1)gd}\left(\frac{h}{d}\right)^{1/6} \qquad (3\text{-}3)$$

式中：q 为单宽流量；h 为水深；d 为块石平均直径(公式见附录 A)。

对于块石比重 $s = 2.65$，$g = 9.8 \text{ m/s}^2$ 来说，式(3-3)简化可得抛石块尺寸：

$$d = \frac{(q/h)^3}{27.4\sqrt{h}} = \frac{v_c^3}{27.4\sqrt{h}} \qquad (3\text{-}4)$$

式(3-4)适用于开始平堵时抛石的稳定性计算,用此式选用石块大小与伊斯巴什公式或哈通公式中的相比稍大,比较符合实际情况。

当平堵抛石上升到某一高度且尾水位低时则抛石堰顶形成临界水流,流速达最大值,此后越顶溢流作为自由堰流考虑,并可以临界水深 $h=\sqrt[3]{q^2/g}$ 代入式(3-3)计算堰顶抛石的稳定性。

至于堆石体下游坡面石块的稳定性则可引用下式计算[见附录 A 的式(A-9)及其简式(A-9a)和式(A-9b)]:

$$d = \frac{\sqrt[3]{q^2/g}}{\left[0.75\sqrt{(s-1)\cos\theta}\right]^3} \tag{3-5}$$

式(3-5)适用于自由溢流情况,式中 q 包括越顶溢流和穿过堆石体渗漏的单宽流量,经与不同下游坡角 θ 时的坡面石块稳定性试验资料比较一致(见前面的图 3-10 中的计算点)。自由溢流是比较危险的水流情况,尾水位以上沿坡面下泄水流将冲刷扩展成很缓的堆石体坡面。若 $q>2$ m³/(s·m),就需要 1 m 大小以上的石块始可维持 1:1.5 的坡面,此时可采用大混凝土块或石笼护面。当然亦可引用式(3-5)近似解出稳定的下游坡角 θ。

当立堵进占压缩口门时,流量逐渐集中,两侧边坡抛石裹头的稳定性是其关键,可引用下式计算(此时可测得口门流速 v_c 可能比用 $q=v_c h$ 方便):

$$d = \frac{v_c^3}{\left[0.75\sqrt{q(s-1)\cos\theta}\right]^3\sqrt{h}} \tag{3-6}$$

式中:θ 为口门侧边坡角;v_c、q 和 h 是口门的流速、单宽流量和水深,$v_c=\dfrac{q}{h}$。

关于抛石体稳定性计算公式和分析方法各有不同,(见参考文献[1][4])。这些公式所需要的水力因素 q、v、h 可结合潮型及进潮、退潮的上下游水位进行水力学计算得出各时段的 q 或 v 值绘成曲线,以便确定危险水流和备料堵口方案。

掌握了堵口水流情况,就可灵活制订堵口方式程序,例如先在口门两端以土堤进占一段,再护底平堵升高一阶,然后由两端抛石进占,最后抓住时机一鼓作气抛填龙口使之合龙。一般平堵需船运抛石,上升到发生临界水流的高程就会流速渐减,潜堰堤顶的最大流速,在所调研的海堤不过 3 m/s 左右。全部立堵的水流条件差,进占到龙口时流速会增大很多,但可陆上施工,方便迅速。若能平堵立堵布局恰当,则会避免较大的龙口流速。因此抓住潮位有利条件堵口截流,问题不大,在调研的堵口截流工程都能取得成功。相对比较会发生问题的却是截流后的填土闭气工程。

以上堵口合龙水力学计算,对于江河大堤堵口等施工围堰合龙也可参考引用。

3.7　海堤截流后的闭气工程实例

堵口闭气方案,因为外海闭气不易,且投资大,所以多数是采用中间闭气(东湖塘)或内闭气(西滨海堤),即在内外抛石体(外海为主,内港为副)之间填土(海泥、黄土或掺砂)闭气;或在外海堆石体内港一侧全部填土封闭。至于抛石截流体的外海坡面则按照抗御风浪冲击的要求整砌石坡面。

作为堵口闭气的典型,把宁德东湖塘堵口海堤做一介绍,该堤长 1 140 m,围垦 2 万亩(1 亩 = 1/15 hm² ,余同)作为华侨农场,目前虽已成为达标海堤,但从 1965 年堵口闭气完工后却发生严重漏浑水现象,在涨潮时向内港漏水有三十余股泥水出流,落潮时向外海漏水形成一片泥流,导致了堤顶下沉 1 m,坍坑裂缝多处,台风时海水涌出缝口,险情严峻,当年就补填土 4 000 m³,随后每年都要补填土方数千立方米,特别是在金蛇头一侧深港砂基上的 0+860~1+100 的堤段,漏水严重达 3 m³/s,最大一洞漏水量 0.5 m³/s。分析闭气不成功的原因,如图 3-12 所示,主要是内外两抛石体太近,中间填土阻渗弄堂太窄,甚至有抛石滚落在砂基上搭接起来形成渗流通道所致;其次是中间海泥、黄土防渗体与两侧抛石体之间缺少滤层,不能防止防渗土体的流失;再是压土封闭了内侧排水出口,逼高水头顶穿了内坡压土层形成冒水洞,如马山头一侧的冒水出口就在坡面上。

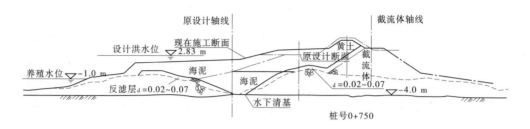

图 3-12　东湖塘围垦海堤

由于闭气考虑不同遗留下的漏水问题,当时认为采用堆石体灌砂可以起到滤层作用,挡住填土的流失,在中间补灌浆形成防渗体比较现实,并在实验室进行了模型试验。可惜在"文化大革命"期间,现场施工没有取得圆满成功而半途而废。不过加以总结分析可能对今后的工程还会有帮助。"文化大革命"后再去参观,已改为内港压土闭气,如图 3-12 所示。

沿海港湾和钱塘江宽广河滩有不少与海争地的围垦海堤,浙江省多采取内闭气方案,如图 3-13 所示为一般内闭气压土宽度(距堤脚)50 m 左右,其厚度及布局如能结合地基的土层分布(海泥或砂层)对渗流场加以比较考虑,必可取得更为安全经济的压土闭气方案布局,外海砌石坡与反弧防浪墙的衔接布局也宜加以试验研究。

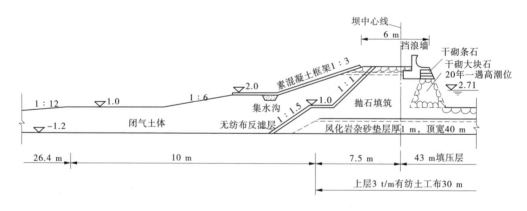

图 3-13　内闭气堵口围垦海堤(舟山)

海堤堵口截流后的内闭气压土方案,实际上就是江河堤防背水侧地面覆盖土层的稳定性问题。也就是要求压土厚度的向上渗流坡降小于临界值 1(安全值可取 0.7)与压土宽度距堤脚的水平渗流坡降小于临界值(最差的粉细砂堤基是 0.1)。这两个渗流稳定性条件,详见前面的地面渗水管涌险情小节。结合图 3-13 所示的内闭气压土方案,可知外海高潮水位 2.7 m 情况下的向上渗流坡降 $J=(2.7-1)/(1+1.2)=0.77$,压土宽约 50 m,粉细砂渗流水平坡降 $J=2.7/50=0.05$,可知已很安全;如果不是粉细砂堤基,是海淤土时,只需要计算压土平台处的厚度的向上渗流坡降 $J=(2.7-2)/(2+1.2)=0.2$,50 m 压土宽度更不需要了。

3.8　土工袋、土工管的应用与围堤工程实例

在堤坝等水利工程中防冲防浪抢险堵漏修复等工程常用土工袋、土工管,其优点是价廉、柔性,急用方便。

充填成单个的土工袋或土工管,可用于多种临时性工程,如堤坝的抢险、堵漏等,如图 3-14 所示为土工袋应用示例。

土工袋有各种形状,充填料也是多样的,以适合不同工程的需要。土工布袋、编织袋、麻袋等透水不漏砂或水泥灰浆,袋做模壳充填料后挤出水分加快固结。除土工袋外,一般充填泥沙的土工管也常用,如图 3-15 所示。

土工管的充填泥砂多在现场进行,如图 3-16 所示,在平底船或浮筒上装置挖吸泥砂和吹送设备,吹送泥砂的水砂比约为 4∶1,长的土工织物管带有进出口,充填泥砂不必太满(80%),利于稳定,充填后可在钢管上滚动移位。

土工袋和土工管及其他形状的土工容器,用于临时性工程的优点为快速施工、节约经费、就地取材、设备简单低劳动力等。但编织袋怕日晒、易损,在永久性工程中宜用于水下。

土工袋护坡对于浪击的稳定性要求限制浪高 $H<1.5$ m,对于水流冲击的最大允许流速为 1.5 m/s,充填水泥砂浆比砂袋的强度稍高,因此也可在堆筑丁坝码头时,内部用砂袋,外部用水泥袋。

同样,充填混凝土及砂砾或掺水泥互相连接的整体性排垫(沉排或席垫),适用于护坡防冲防浪;而且充填黏土的排垫,还可用于砂层漏水的防渗工程;充填砂石料的排垫,也可用于护坦防冲工程,只要注意互相连接边角不损坏端点锚固时,最适宜于临时性水利工程,有价廉、柔性的优点,详见参考文献[2]。

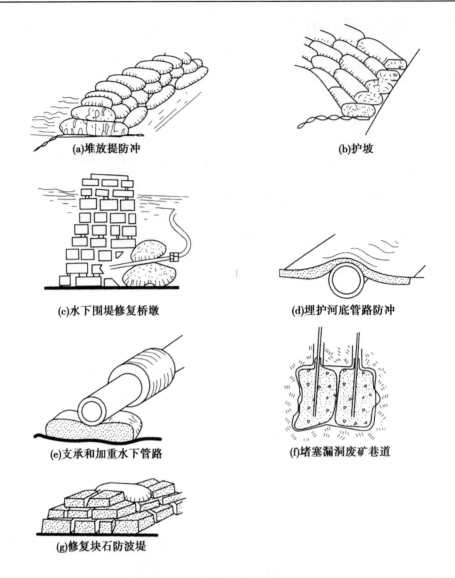

(a)堆放提防冲　　　　　　　　　(b)护坡

(c)水下围堤修复桥墩　　　　　　(d)埋护河底管路防冲

(e)支承和加重水下管路　　　　　(f)堵塞漏洞废矿巷道

(g)修复块石防波堤

图 3-14　土工袋应用示例

关于充填土工管、土工袋排垫的应用实例,可举青草沙水库构筑的围堤工程,见图 3-16。该工程位于长江口的长兴岛北侧的西侧,用于提供原水给上海市陆域水厂。特点是堤身两侧及下部主要由土工布(织物)管、土工袋充填砂土堆叠而成;堤芯中上部由砂性土散吹形成。围堤的功能主要是防汛挡潮,水库最高蓄水位为7.00 m,堤外侧落潮最低水位为-0.41 m,水位差为 7.41 m,渗流问题不可忽视。

围堤的施工过程为在底层铺设一层土工机织布软体排垫后再

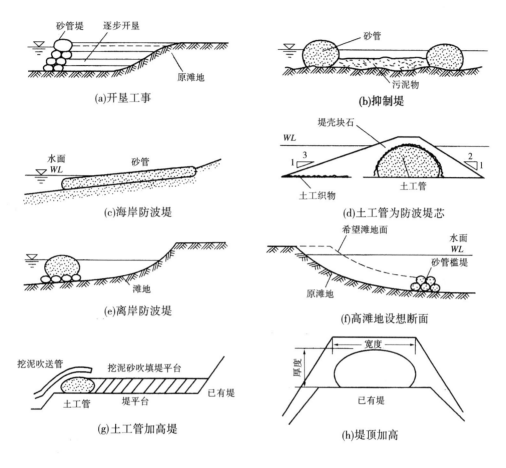

图 3-15　土工管的应用示例

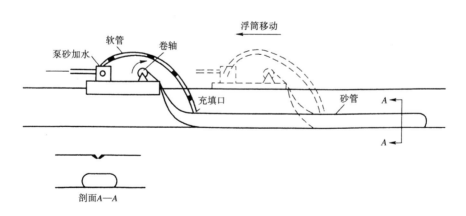

图 3-16　充填土工管过程

构筑内外堤坡 1∶3 的棱体充砂管、袋。对于深滩堤基则深水中先抛一般的砂袋，−5 m 以上为充填砂袋，水力吹填于堤芯。堤身结构

如图 3-17 所示。充砂管、袋设计,堤身排放的长约 30 m,宽 5 m,高
0.5 m;深水抛填的为 2 m×0.5 m;管、袋口径可按照泥砂充填度(一
般是 75%~80%)确定。管、袋是放在堤上原位充填粉砂的。管、袋
是强度高、透水性大的编织土工布,质量为 150~260 g/m³,渗透系
数为 $10^{-2} \sim 10^{-3}$ cm/s。堤坡棱体的管、袋充砂选取粉细砂,要求粒
径大于 0.05 mm 的含量大于 70%,小于 0.005 mm 的黏粒含量小于
10%,渗透系数为 $10^{-4} \sim 10^{-5}$ cm/s。如此多种渗透系数相差较大的材料
组合在一起构成的围堤,砂土与布之间,布与布之间的渗透性、稳定性
及流场分布需要进行砂模型试验测定(见《堤防工程手册》第 272 页)。

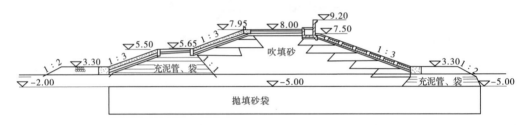

图 3-17　青草沙水库深滩围堤结构示意图

第 4 章　水库土坝渗漏滑坡等险情

4.1　水库土坝的渗漏险情简述

　　土坝与土堤在外形和构造上基本相同,只是其作用和水力条件稍有不同。因此它的破坏形式,管涌、渗水、滑坡等险情及其识别方法抢险等也都基本相同。但土坝一般较高,蓄水位也高,一旦发现管涌渗漏险情,抢险难度也较大,多是采取放低水位或放空水库的措施。而且据调查中外土坝失事,因渗流隐患者占 40% 左右,所以必须埋设渗压计或测压管观测内部水压力变化加以分析预防发生溃坝等较大的险情(见参考文献[3]第 6 章渗流观测资料分析)。

　　土坝由低处向高处发展,为尽量利用现场土砂石材料,也就由均质土坝发展成土石坝了,都以黏土作为防渗体构件,坝型有心墙坝、斜墙坝、铺盖防渗和垂直防渗等。由于构件复杂,出现险情位置也就多样化,而且除坝体、坝基防渗外,还有坝端绕渗问题。下面结合实例介绍破坏险情及其过程、原因,便于防洪人员参考。

4.2　均质土坝渗漏通道险情

　　在坝体与坝基或岸坡、坝体与刺墙、齿墙或涵管(刚性体)、两种不同粒径土的界面防渗设施与破碎基岩等之间的各种接触部位,由于设计和施工等多方面的原因,往往易成为渗漏的捷径,并引起接触冲刷形成漏水通道而导致坝的失事。

　　如图 4-1 所示,为河北省龙门水库土坝,高 39.5 m,为均质壤土坝,建在白云岩地基上,坝内留有旧坝排水棱体和浆砌石导流洞。该库于 1974 年 7 月蓄水,8 月初开始见浑水,随即逐日观测流量和透明度,其过程线如图 4-2 所示,水位上升到 117 m 时的渗流量过程线随渗流量的增大,透明度变小,20 多天后渗流骤增到 0.15 m³/s,这时透明度降到零,部分测压管的水位也明显上升,随之在下游坡出现塌坑。此后立即降低库水位,又发现上游坡也有一塌坑,当时就判断坝内已形成贯穿性渗漏通道,后经开挖检查,证实果然如此。原因是同年 7 月在上游坡打一钻孔,直通砌石洞壁,洞内又未全部封堵,洞口又直对坝内旧排水棱体,渗水通过钻孔进入导流洞砌石缝隙和洞内空腔,形成集中渗流,既带走了与洞壁相接触的土体,又冲坏了棱体滤层。日复一日,终成事故。

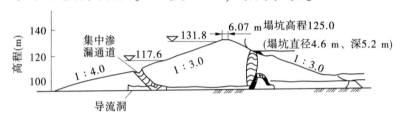

图 4-1 龙门水库土坝断面及塌坑位置

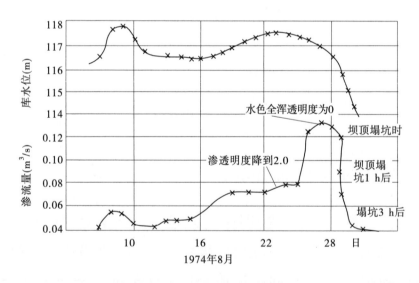

图 4-2 龙门水库土坝渗透破坏前后渗流量过程线及其库水位过程线

同样险情,在汾河水库左副坝的观测资料里出现过,立即昼夜监视,果然发生了管涌破坏。又如玉马水库,同样发生渗流量增大,形成通道坍坑等。这些水库蓄水不宜太快,一旦发生险情应立即降低库水位,但也不宜太快,免得滑坡。相反,若特定库水位下渗流量的过程线逐渐下降,如鸭河口水库在库水位 169.5 m 左右时的总渗流量过程线,由于天然淤积,渗流量已逐渐由 1960 年的渗流量 100%减小到 1978 年的 34%,说明运行条件好转。

图 4-3 所示河北省北庄河土坝的破坏实例。该坝为粉质黏土均质坝,高 25 m,靠左岸坝下是一条放水涵管,由一节节预制混凝土管联结而成。水库蓄水不久,在上游部位的涵管有一接头出现开裂。1973 年 9 月,水库蓄水至 38.82 m 高程,一节涵管接头开裂处向外漏出浑水。1974 年 3 月 31 日库水位下降后,在上游坝坡 38 m 高程处发现宽 2.5 m、深 2.8 m 的塌坑一处,位于涵管顶部左边靠漏水一侧。通过大坝开挖查明,塌坑垂直向与涵管开裂处相连通,中间是一条直径为 0.8~1.5 m、方向垂直向下的渗流通道,通道内土质松软,含水量很高。后修复涵管接头,并对遭到破坏处重新回填,至今运行正常。

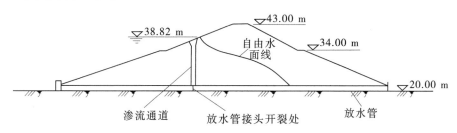

图 4-3　北庄河水库左岸渗流破坏处断面(见参考文献[8])

此例形成漏水通道的险情与原因,与上一例相同,主要是出现了没有滤层保护的向下渗流出口,向下渗流的渗透力加上土体自重,必然会在出口形成土体剥落流失,逐渐向上发展引起塌坑,沿坝底放水管或排水洞、管洞壁接触面形成漏水通道,因而必须放空水库进行整修。也说明在坝体内布置排水洞管容易发生此类险情。

为强调没有合格滤层保护的向下渗流出口是发生向上发展形成渗漏通道的主要原因,再举一实例,不是上游蓄水作用下,而是下游坝坡在长期自由向下渗水情况下(渗流坡降等于 1)出现的塌坑险情如下:

岳城水库大副坝均质土坝,高 30 m,下游用排水垫层和纵向暗管控制渗流。由于用 1～20 mm 的砾石保护中细砂,层间系数达15,不满足滤层要求,致使中细砂涌入排水管,涌入砂量逐年增加,经历 9 年共流出砂 192 m³,并在暗管上部坝坡出现塌坑一处,如图 4-4 所示。

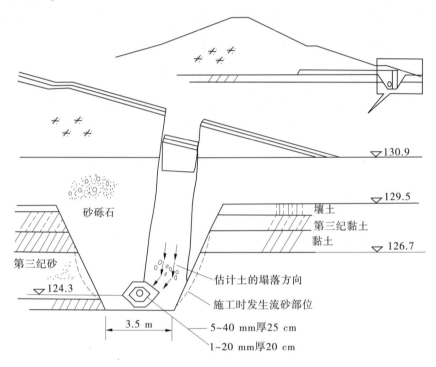

图 4-4　岳城大副坝下游坡塌坑示意图

4.3　斜墙、斜心墙土坝的渗漏塌坑险情

建造在砂砾石地基上的黏土斜墙、斜心墙土坝,为防渗安全再造垂直的混凝土防渗墙。它的关键在于相邻墙段之间的搭接。由于施工中的技术和质量问题,在墙搭接处存在张开的缝隙,缝内充填泥浆。根据对北京崇各庄和河南玉马等水库的检查结果,一般缝宽为 3～5 cm,最大宽度达 20 cm。这不但是渗流上的薄弱环节,而且也将降低防渗墙的防渗效果。

刚性防渗墙与塑料防渗体的联结部位,若设计不当,也是易产生渗流破坏之处。

我国已有几座土坝的防渗墙发生了渗漏引起塌坑的事故。举例如下：

图 4-5 所示为北京西斋堂水库黏土斜墙坝，高 58 m，坝基为砂砾卵石层，最深为 48 m。在上游斜墙坡脚处修建了一道 0.8 m 厚的混凝土防渗墙。在 4 个年度的蓄水运行中，最大作用水头达 45 m。1978 年 7 月，库水位降低到坝顶高程 470 m 以下时，发现上游坡脚平台（高程 430.00 m）上有两个塌坑，一个呈椭圆形，沿坝轴方向长 9.5 m，垂直坝轴方向长 7.0 m，坑中心深 3 m，容积约为 60 m³（见图 4-6 塌坑放大图）；另一个坑口直径 2.5 m，中心深 0.3 m。

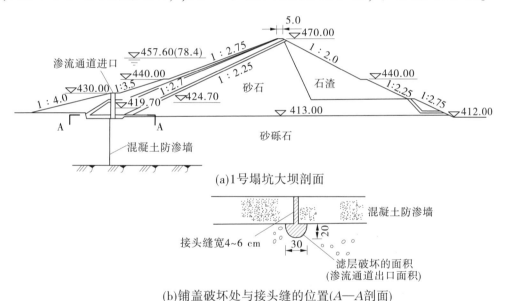

(a)1号塌坑大坝剖面

(b)铺盖破坏处与接头缝的位置(A—A剖面)

图 4-5　西斋堂斜墙土坝　（单位：m）

引起混凝土防渗墙渗流，导致塌坑大致有下列原因（见参考文献[6][8]）：

（1）墙上有孔洞，即墙段之间搭接不良，缝隙大。

（2）联结处黏土防渗体与坝基砂砾石之间的渗流出口未设滤层保护。

（3）墙顶易产生应力集中，可能导致在墙顶附近区域出现拉应

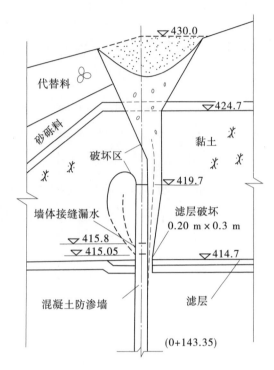

图 4-6　西斋堂水库 1 号塌坑示意图

力区而产生裂缝,由此引起渗流破坏。

(4)刚性和柔性材料变形的差异,即不均匀沉降可能导致联结区产生裂缝,由此引起渗流破坏。

(5)墙后斜墙或铺盖承受的水头压力最大,因而作用的渗透坡降亦最大,墙侧的水平应力又较小,这就可能产生水力劈裂和渗流破坏。

(6)墙伸入黏性土防渗体内的长度(接触渗径)不够,也易产生接触冲刷。

关于渗漏坑的工程实例不少,下面再举河南省玉马水库土坝的渗漏塌坑事例,如图 4-7 所示。

玉马水库位于淮河支流,是座中型水库,土石混合斜心墙坝,防渗体属重粉质壤土,坝高 50 m。心墙下游设两层滤层,第一层为中粗砂,第二层为细砾,合乎要求,满足砂卵石坝防渗墙要求。1976年 6 月建成,1977 年 7 月蓄水,11 月底库水位达 441.04 m,直到

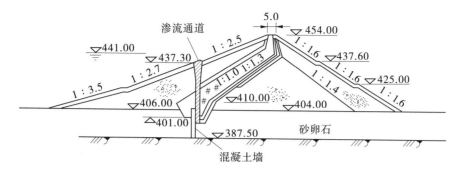

图 4-7 玉马水库斜心墙土坝渗流破坏示意图 （单位:m）

1978 年 4 月库水位开始下降。5 月初,当库水位下降到 435.7 m 时,在上游坝坡发现直径 8 m、深 3.2 m 的漏斗形塌坑一处,中心线高程 437.3 m。当时认为是渗流破坏,决定沿塌坑开挖,发现塌坑方向垂直向下,并从防渗墙下游面直达心墙齿槽底部,出口直径 1.5 m,坝身内洞径约为 2 m,心墙中垂直渗流通道中的填充物靠下部以砂卵石为主,上部为坝壳风化料。同时查明,心墙底部塌坑处漏铺滤层,漏铺面积稍大于渗流通道出口。经核实,该处正是施工期基坑抽水位置,当时是一积水坑,由于抽水,地基砂卵石层粗化,加之回填时又漏铺滤层,因此隐藏了一处薄弱的渗流出口。

根据计算分析,玉马土坝防渗心墙实际承受的平均渗流坡降仅为 2.5,远小于一般工程常用的 6~10。因此,再一次说明此类渗漏塌坑的主要原因是缺少渗流出口的滤层保护,特别是向下渗流的出口。其次一个原因可能是混凝土防渗墙下游侧面黏土接触不牢,发生接触冲刷。因为现场观察黏土在墙顶和墙侧面应力沉陷不同,很像墙顶挂棉被模样。

4.4 铺盖防渗的裂缝塌坑险情

在砂砾石地基或破碎的基岩上建坝,常利用弱透水土层的铺盖防渗。有时为加强防渗,再设置水泥灌浆帷幕或截水墙防渗。但若设计和施工考虑不周,则帷幕将失效而引起渗漏问题。

灌浆帷幕设置的位置不对,亦将造成不良的后果。例如,一座

高 47 m 的均质土坝,地基表层为 3~20 m 的次生黄土层,下卧厚
5~25 m 的砾岩或砂卵石层。在由黄土层组成的天然铺盖上,离坝
脚数米处,设置灌浆帷幕防渗如图 4-8 所示。蓄水后,由于有帷幕
防渗,作用于天然铺盖上的水头大大增加,从而导致铺盖出现裂缝
和洞穴,引起集中渗流,帷幕也无效。后又在天然铺盖上加筑人工
铺盖。

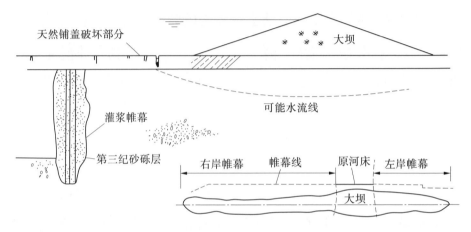

图 4-8　天然铺盖下设灌浆帷幕示意图

再一个类同事例,江西省七一水库土坝(参考后文的图 4-22)
高 80 m,坝前水平黏土铺盖长 80 m,1961 年建成蓄水,后来扩建时
认为该土坝铺盖在高库水位运行中穿经铺盖的渗流坡降 J 已达
11,超过土坝规范规定坡降的一倍,必须采用加固措施。扩建时采
取了水中倒黏土,在铺盖前端再筑一道截水槽的措施。但是其后的
计算认为,多一道阻水防止前端渗流,反而更增大了铺盖的渗流负
担,穿经铺盖的坡降又稍增大。

一般人工铺盖设计没有前端的截水墙或帷幕注浆,但铺盖仍然
普遍裂缝塌坑(白龟山水库、龙河口水库等)。根据已有水库的人
工和天然的黏土铺盖,尤其是我国北部几个省的次生黄土地区,蓄
水运行以后几乎都发生裂缝,施工质量差的可达数十条以上。如果
铺盖下面有砂垫层或是非管涌性砂砾石平整地基,则将保护冲蚀土
不至于流失,裂缝逐年淤堵趋于好转;但若底部垫层土有架空漏洞,

裂缝会继续发展,甚至形成塌坑。再次说明塌坑的主要原因仍然是前面所述的没有滤层保护的向下渗流出口。

关于铺盖防渗的裂缝塌坑险情和抛土处理效果,常举巴基斯坦的塔贝拉(Tarbela)水库为例,1974 年首次蓄水,铺盖上发生塌坑362 个,经水中抛土处理后,1975 年蓄水又发现塌坑 429 个,再连续三年抛土,塌坑逐年减少,淤积而渐趋稳定。因此,采用水平铺盖防渗方案时经常把塔贝拉水库作为成功的经验(详见 4.5 节)。

4.5　铺盖裂缝塌坑渗漏险情处理及分析

在能放空水库的条件下,铺盖的裂缝和塌坑,可以用开挖回填的方法处理。开挖回填也是处理坝体浅层裂缝的好方法,而且是国内外应用最广并取得成效的一种方法。

在水库不能放空的条件下,抛土是一种处理铺盖裂缝塌坑的方法,也是临时抢护上游斜墙或坝体局部出现塌坑的方法。此法的实质是抛入水中的土部分被水流通过裂缝或塌坑带入砂卵石地基,起淤填作用;另一部分则充填裂缝或塌坑,起堵塞作用。还有一种抛土方法即不允许抛土进入地基砂卵石层,那就是先抛滤层料,然后再抛土堵塞裂缝和塌坑。

水中抛土之所以能够得到压实和堵塞裂缝塌坑,是因为土体抛入水中后,土的团粒崩解,在上部土重的作用下排水固结,从而得到压实。其实,由于抛土的结构疏松,容重低,故渗透压密作用可能更大。根据目前的经验,抛填土料以粉质壤土或粉质黏土为佳。

在抛土前,先要确定裂缝和塌坑的位置。位置确定后,采用船只和浮筏等工具将土运到预定地点,倒入水中。在冰冻期,冰层较厚时,也可在冰上打槽或孔向下倒土。

探测裂缝和塌坑的位置,自然是放空水库直接检查为好。然而,放空水库有时是不可能的,也是不经济的,尤其是对大型的水电和灌溉工程。在水库蓄水的条件下,可用水下摄影、水下电视、声纳扫描及潜水员摸探等方法检查裂缝和塌坑的位置。

巴基斯坦的塔贝拉坝上游铺盖产生严重的裂缝和塌坑,曾用深水抛土堵塞法处理,并获得成功。下面简略介绍此工程实例。

塔贝拉坝是一座斜墙坝,最大坝高 145 m。它建在最深达 230 m 的砂卵石地基上,上游用超长铺盖防渗。该坝自 1974 年运行以来,已多次受到高水位的考验。经暂时放空水库和声纳扫描检查,发现铺盖上的塌坑达 440 个,裂缝 140 条。在 1974 年暂时放空水库的条件下,用开挖回填的方法处理了一批塌坑。其后,在水库蓄水的条件下,则采用深水抛土堵塞法修补铺盖。抛填土料是粉土和砂砾的混合材料。为保证在深水中抛土而不离散,经室内和现场(试验的最大水深 122 m)试验论证,采取将上述混合料加水拌和,使其成为湿土团的方法,制成抛土用料。然后,用底卸船将制备的土料运至需要抛土的地方抛入深水中,土料沉入库底,堵塞塌坑和裂缝。底卸船为自行式,装载容量为 95 m³,船上装有导航仪器,可以在塌坑上方比较准确地定位,以控制抛土的位置。

在 1975~1983 年间,用抛土方法处理了塌坑 506 个,即在蓄水条件下,历年检查出来的塌坑总数。仅 1975~1977 两年统计,抛土的方量即达 68.8 万 m³。由于进行了及时而有效的抛土处理工作,至 1983 年,铺盖上仅有一个塌坑。铺盖下大量的渗压计及下游渗流量观测结果表明,铺盖已处于正常工作状态,其防渗性能也有显著的提高。例如,以正常高水位 473 m 为例,1977 年观测的渗流量为 4.87 m³/s,至 1983 年,已降为 2.07 m³/s,即在 6 年的时间降低了约 57%;就库水位 445 m 而言,1974 年的渗流量为 5.99 m³/s,而 1983 年则降为 0.45 m³/s,即降低了 93%。铺盖段的位势也有明显减小,例如,铺盖前端一测点的位势从 80%(1970 年)降低到 50%(1980 年)。铺盖防渗效果显著提高除与抛土堵塞了铺盖的裂缝和塌坑有关外,水库的自然淤积也起到一定的作用。

上面以巴基斯坦的塔贝拉水库黏土铺盖防渗的险情理解为典

型成功事例介绍,主要是我国有不少土坝的防渗铺盖发生裂缝塌坑险情,而且也是这样处理成功的。例如龙河口水库,由如图 4-9 所示的观测资料分析,渗漏水量逐年减少。虽然也有个别年份的漏水量略有起伏增加,正说明某水位情况下淤填土至渗流通道裂缝中的冲蚀或淤填过程,详见参考文献[3]。

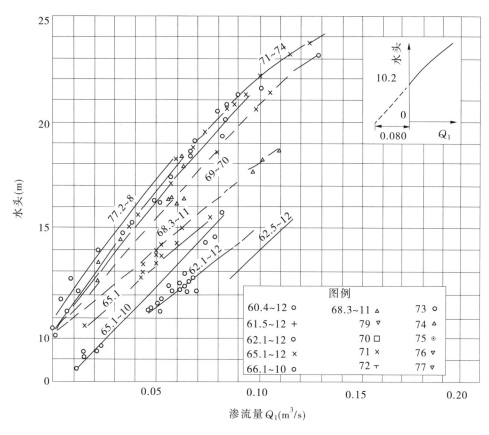

图 4-9　龙河口水库逐年渗漏水量分析

关于铺盖裂缝塌坑渗漏的分析,前面已对分析塌坑原因主要是向下渗流出口缺少滤层防护,也就是铺盖及其下土体的不均匀性与渗流过程中的渗透力分布的不均匀性及水力劈裂作用。后一个渗流不均匀性导致的不均匀沉降也就是排水渗流固结问题,没有排水渗流就没有饱和黏土层的压密固结,排出的水量就是黏土层的沉降量,但是这个渗流水力学观点迄今还很难被土力学派理解,甚至把水库蓄高水位荷载也当作土力学中的一般荷重,认为铺盖上面边界也是向上渗流的排水边界,认为最终固结也是土力学中的静水压力分布等概念上的错误。所以反映到下坂地水库铺盖沉降计算误差很大,照搬土力学算法是沉降 23 m,而渗流水力学固结算法是沉降 1.7 m。因为影响水库等工程设计较大,似有必要将渗流固结算法稍作介绍提供定论(见参考文献[4])。现在就举西部大开发的下坂地水库为例,库水位蓄高 55 m 时蓄水荷载导致的固结沉降量即以此 55 m 水头作为初始条件,计算各时段荷载水头的消失过程直至此荷载水头消失到最终固结的稳定渗流为止,如图 4-10 所示为下坂地水库人工黏土铺盖渗流过程中沿深度方向的各时段水压力分布,到稳定渗流场分布为止。

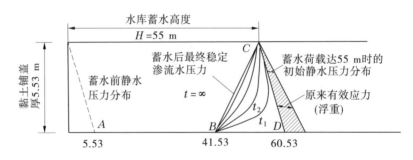

图 4-10　蓄高水位荷载下铺盖固结过程中的水压力分布

把下坂地水库人工铺盖的渗透过程结合土力学固结概念单独描绘。如图 4-10 所示,在蓄水后总应力 σ 固定时,则铺盖内排水固结时渗透水压力(孔隙水压力)的减小就等于有效应力的增加,$d\sigma' = -dp$,图示影线三角形代表原来的土体浮重有效应力分布,当库水水头骤升 55 m 时,黏土铺盖中孔隙水压力逐时段消散过程曲线 t_1、t_2 减小的面积就转化为影线面积的有效应力。在最终达稳定渗流时,DB 间水头损失 $\Delta h = 19$ m,水压力三角形 BCD 都转化为有效应力,剩余的 BA 间水头 36 m 损失于下面的两层黏土层。如果已测得此饱和黏土在此转化应力时的压缩性系数,就可算得压缩沉降量。同样此转化的有效应力也相当于渗透力的内部挤压作用,由于渗流坡降或渗透力分布的不均匀性和土体的不均匀性,在其作用下铺盖将发生裂缝。根据渗透力 γJ 考虑可知涨水后铺盖底面开始

排水的渗透坡降 J 最大,裂缝等破坏将从底面开始。由水力劈裂原理,当有效应力 $\sigma' = \sigma - p$ 减小到 0 或发生的拉应力超过土的抗拉强度时,充水压力就会使土体发生劈裂(与侧向最小主应力方向正交),由图 4-10 所示沿深度方向的应力与水压力的分布可知,在黏土铺盖表面首先开裂;由于孔隙水压力是作用在一点上的,裂缝并不一定立即发生,而与应力发展、传递、应力应变再分布调整等有关。

总体说来,无论从不均匀沉降,还是从渗流破坏方面分析,裂缝的发生都是在铺盖的上下边界开始,所以应适当防护,特别是铺盖底面防止裂缝发展成通道发生塌坑的险情;同时也要注意库水位不能上升太快,形成瞬时渗透坡降很大,铺盖也容易冲蚀破坏。

4.6　坝体心墙裂缝渗漏险情

坝体开裂是形成隐蔽渗漏的原因之一。高土石坝由于心墙或斜墙后的坝壳一般是强透水的土料,通过裂缝的集中渗漏将在坝壳内扩散,因而难以在下游发现集中渗漏区,根据坝壳内浸润面的观测结果也难以判断渗漏的存在。一般只有根据总的或分区观测的渗流量,或埋设在开裂区的渗压计,才能发现心墙或斜墙内存在隐蔽渗漏,从而采用勘探的方法进一步查明坝体内裂缝的位置、大小、范围及产状等,为今后采取合理的处理方法提供依据。为此,以下心墙裂缝险情的典型实例进行说明,见图 4-11。

英国巴德黑德坝(Balderhead dam)于 1965 年建成,窄心墙坝高 48 m,水库连续两年满蓄后,因集中渗漏,心墙主料被冲蚀。1967 年 4 月坝顶上游边缘出现塌坑。分析上游坝壳内的渗压计 U_7 及 D_4 所测资料,发现从 1966 年 1 月出现最高库水位后,2 月 U_7、D_4 就开始下降,对应的渗流量就有较大的起伏[见图 4-11(a)],说明心墙有逐渐发展的渗漏通道存在,使得上游坝壳内的渗径阻力相对其下游有所增大,从而发生上游渗压降低现象。由于渗漏通道内充填物的冲蚀或淤堵,而影响渗流量的增减。1967 年 4 月库水位降低 9

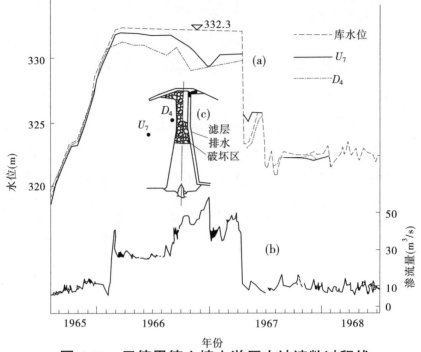

图 4-11　巴德黑德心墙上游压力计读数过程线

m 后,渗流量即由 45 L/s 降到 10 L/s[见图 4-11(b)],说明渗漏通道位于上部,经挖井检查得到证实。图 4-11(c)中心墙上部网络区即为形成集中渗流通道的破坏区,该区是一些软化黏土,比心墙土料的平均颗粒粗。检查认为破坏原因是心墙太窄,内有大颗粒卵石,滤层料粗,虽没有发现裂缝,但很可能因拱作用使心墙内水平面上总压力变低,在蓄水后有水力劈裂的水平缝发生。最后还肯定了上游渗压计或测压管对于心墙完整性的监测比监视渗漏更为灵敏。

4.7　岩溶地基上的土坝异常渗流险情

由于基岩内存在岩溶,而又未处理,由此造成的渗漏实例不少。例如,山东省岸堤水库 1960 年蓄水,黏土心墙坝高 29 m,如图 4-12 所示。0+400 断面 1# 测压管在上游砂壳中,管水位低于库水位 7~8 m,似属异常,而当库水位超过洪水位 173 m 时,测压管水位又急剧上升。分析认为,上游坝壳块石护坡下垫层经多年洪水夹带的泥沙

淤塞胶结,起阻水作用;但更主要的原因是灰岩地基溶洞裂隙发育,
有贯通上下游的渗水通道,使坝壳内的渗流阻力相对较大,故管水
位低。1986 年将坝基灰岩通道压灌砾石砂浆后,该管水位上升到
库水位,从而证实了上述分析。

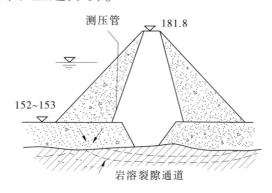

图 4-12　岸堤水库心墙测压管水位异常

由于坝基灰岩裂隙发育,并有溶洞,致使坝基砂砾覆盖层承压。
水库蓄水后,下游发育砂砾石层发生砂沸和涌砂,且发现塌坑。采
取盖重和减压井处理后,才保证了砂砾石的渗透稳定。坝右岸灰岩
裂隙和溶洞更为发育。曾在下游山坡的厚层灰岩中打了一个断面
为 1.9 m×1.5 m、长 40 m 的排水洞,以期减小坝端绕流对坝体和坝
基的影响。但是,平洞的渗漏量在逐年增大,历经 10 余年后,渗漏
量增大了 1 倍,达 0.4 m^3/s(1975 年)。这表明,右岸灰岩裂隙和溶
洞受集中渗流冲蚀,在逐步扩大。除水量损失外,对坝头填土的渗
透稳定性亦有潜在的威胁。因此再绘制平面流网(等势线或等水
位线)图分析,如图 4-13 所示,该坝为砂壳黏土心墙坝,坝基覆盖层
厚约 10 m,采用黏土截渗槽防渗,清基至基岩。但因基岩为寒武系
厚层灰岩,岩溶位势很低和裂隙较发育,施工时就在靠右坝头基槽
中发现泉眼多处。图中 0+200 断面附近的等势线向下游凸出,流
线必呈放射状,表明此处岩溶裂隙比别处更为发育,使水流越过黏
土截渗槽底部向下游流动。近左岸的等势线与坝轴线交角甚大,表
明左坝头绕渗和山坡地下水影响比较严重。

湖北省温峡口水库宽心墙坝高 51 m,岩为白色石灰岩,断层破

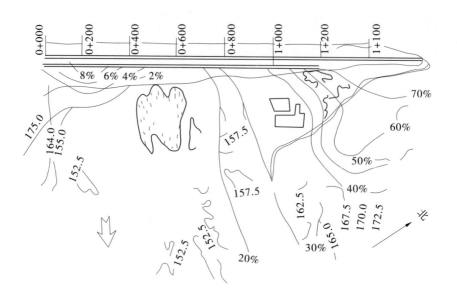

图 4-13　岸堤水库坝基渗流等势线

碎带深达 80 m,施工时右边深槽的泉眼有 30 多处,心墙底部回填质量差。当库水位蓄至 70～75 m 高程时,坝基开始漏水;当库水位为 103.14 m 时,坝趾多处涌水,高达 2 m。钻孔发现基岩下 6 m 处有溶洞。埋设测压管,设在 0+140 主河槽断面 2# 测压管心墙底部出逸点距上游仅 6 m(见图 4-14),此处的基面和基内位势都在 89.7% 以上,心墙泉眼区截水槽位势为 87%～98%,而在 2# 管下游的基坝内,基面管位势出现低于尾水的负值,并有反坡现象。经绘制平面流网,3# 管出现封闭的等水头线,说明该处为溶洞出口,也受绕渗的影响。此外,坝基测压管水位有逐年上升现象,但渗流量尚属稳定。1982～1984 年曾打地质勘探孔 30 个,有承压水上升,可能使测压管水位受到承压水影响,而 1# 管水位不随库水位变化,进一步说明受基岩裂隙承压水影响。

　　图 4-15 为温峡口水库坝基岩基表层渗流等水位线分布。该坝在峡谷进口河曲段,为一左缓右陡不对称河谷,地质构造复杂,上盘岩层破碎,有一层断层泥隔开与下盘的水力联系,整个坝基表层透水性偏弱,形成承压。较强的透水层位于右岸狮子山一带。原河床

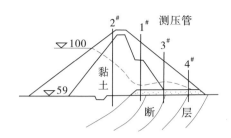

图 4-14　温峡口水库心墙土坝测压管布置

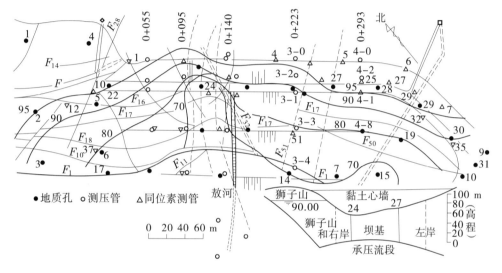

图 4-15　温峡口水库坝基岩基表层渗流等水位线分布

砂砾石在河湾右岸粗于左岸。根据图 4-15 平面流网可知,渗流集中部位主要是原河床的排水体。结合地质钻孔及渗透系数分布,估算狮子山及右岸的平均渗流坡降 J 为 0.3,渗流量 Q 为 46.0 L/s (实测包括溢洪道渗水为 66 L/s);坝基 $J=0.33$,$Q=16.7$ L/s;左岸 $J=0.3$,$Q=11.7$ L/s(实测包括闸门漏水为 13 L/s)。

陕西省羊毛湾水库为均质土坝,坝基灰岩洞发育,地下水位很深,到坝基测压管无水,坝体浸润线呈垂直向下渗透的特殊流态(见图 4-16)。如果坝底没有滤层防护,坝前土坡向下,渗漏就会塌坑形成漏水通道。

江西省洪门水库黏土心墙坝高 35.8 m,岩基为砾岩,有裂隙及断层。0+135 断面出现下游两个测压管水位高于上游测压管的异

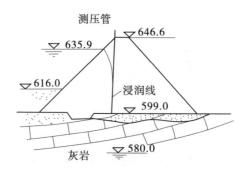

图 4-16　羊毛湾水库均质土坝及测压管示意图

常现象,坝基砂砾层测压管水位很低(见图 4-17)。经分析得知,下游风化料壤土坝壳有一排砂井通至其下的砂垫层,此砂垫层的水位很低,可能是受岩基裂隙断层的影响。再者坝长仅 261 m 的短坝下游坝体浸润面在左侧岸绕渗影响下,将取砂井的较短渗径排向砂层,从而形成反坡现象。

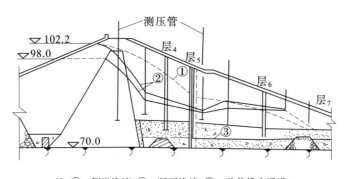

注:①—侧岸渗流;②—断面渗流;③—砂井排水通道

图 4-17　洪门水库土坝测压管布置及浸润线

　　河南省鲇鱼山水库黏土心墙坝高 37.5 m,坝基为斑状花岗岩,有断层、裂缝。截水槽是用黏土回填,与混凝土或部分风化岩面相接。1972 年蓄水后坝趾渗水,曾做灌浆处理。1978 年 4 月库水位 103.5 m 时,左坝头 0+570 断面的心墙截水槽轴线及其下游 5 m 处的两根基岩测压管(在同一断层带,但心墙与基岩结合良好)水位分别为 102.3 m、102.2 m,位势分别为 95.6%、95.1%,经测孔抽水试验,降低管水位 19.8 m,5 h 即恢复原水位,反应灵敏。右坝头 0+025 断面在心墙底部轴线上的基岩测压管,同样有 92.3% 的高位势,水头损失集中到心墙底下游出逸处。通过增设大量测压管,进行坝基地下水动态观测,初步认为与断层岩脉走向有关,反映了岩石裂隙渗流强烈的各项异性,表现在心墙底部的测压管水位,有的随尾水变动灵敏,甚至同步变化。靠两岸基岩的管水位一般受山体地下水补给影响,以偏高趋势绕渗到下游河槽。

上述土坝黏土心墙与基岩接触面装设的测压管,虽已靠近心墙底部的下游部位,仍可能有 90% 左右的剩余水头,形成局部渗流坡降大的忧虑。此类坝基异常渗流险情不少。

再例如弓上水库黏土铺盖心墙坝,坝高 50.3 m,在砂卵石坝基测压管 7# 附近相距 0.5 m,钻孔有掉钻现象,测试坝基流速高达 0.15 m/s(当时库水位 497.4 m,下游 457 m,钻孔上升水位 469.7 m,7# 管水位 461.8 m),计算 7# 管位势 12%,附近钻孔位势 31.4%,相差很大(7.9 m),分析原因是坝基横穿大断层所致。由于漏水量大(218 L/s),大坝心墙因地震发生过裂缝,在坝头有滑坡迹象,绕渗严重。因此 1999 年开始打防渗墙加固。关于土石坝渗流观测异常现象的分析详见参考文献[3]。

4.8　坝端两岸绕渗集中渗漏险情

坝的两岸山体裂隙、节理发育,或有断层和岩溶,或为透水的第四纪堆积层,则绕坝渗流除影响山体本身的安全外(例如浸润面过高引起滑坡),对坝体和坝基主要有两方面的不利影响:①抬高岸坡部分坝体的浸润面和坝基的扬压力;②在坝体和岸坡的接触面上可能产生接触冲刷。

下面举实例说明此类险情的多发性和发展到溃坝的严重性及分析。

美国鲍德温坝坝高 80 m,在水库运行了 12 年之后,于 1963 年底失事,东坝肩决口,失事的清晨,管理人员在下游马道检查孔和排水检查室发现渗水浑浊,渗流量剧增。虽然随即采取了放空水库的措施,但 1 h 后,在下游坡即出现小股集中渗漏,并不断扩大,直至东坝肩决口。从开始发现浑水到失事,为时不足 4 h。经调查分析后认为,失事原因是位于坝肩断层处的多孔混凝土排水管由于断层的移动而断裂,渗流冲蚀断层内的充填物和与断层接触的坝体,即产生了接触冲刷而导致坝的破坏。

美国提堂坝是一座心墙土坝,坝高 124 m,长 900 m。1975 年 11 月建成,1976 年 6 月 5 日(第一次蓄水水位距坝顶差 9.18 m)右岸坝肩出现严重渗漏,漏洞迅速扩大,数小时后坝即溃决。淹没了 60 余万亩良田,造成 11 人死亡、2.5 余万人无家可归。

若发现两岸山体有集中渗漏现象,则说明两岸一定有强透水的夹层。此种条件下的绕渗将引起不良的后果。例如,陕西省刘家河水库,均质土坝高 21.5 m。蓄水后不到 1 年,当库水位由 6 m 猛增至 17.8 m 时,发现卧管左侧水面上出现涡流圈,随即左岸出现一道裂隙,涵洞出口喷出直径约 15 cm 的一股水流,喷射距离约 5 m,并夹带大量石子。随后,坝体塌陷,造成严重险情。事后探明,在左岸的黄土坡下,有一层厚约 3 m 的砂砾石层,未进行防渗处理,砂砾石层中还有一条贯通上下游、直径为 25～30 cm 的洞,这显然是由于绕渗而导致管涌,形成的绕渗漏通道。

若两岸山体单薄,岸坡陡峻,土料的抗剪强度较低(例如,山体中有软弱夹层)且透水性较大,则水库蓄水后,绕渗渗漏可能引起山体滑坡。例如河北省底沟水库,左坝头坐落在坡积物堆成的山包上,其组成为夹有红土的砂砾石,且岸坡较陡。水库蓄水后,左岸山包下游发生大滑坡。

绕渗还可能造成两岸山坡逐渐坍塌。这种情况主要发生在两岸为黄土台地的条件下,若坝体或坝端山头某一高程处存在强透水层或裂缝通道时,测压管水位就会在库水位达此高程时发生突然升高现象。例如黑龙江省龙凤山水库黏土斜墙坝,坝高 21 m,1960 年蓄水,曾发生过管涌事故,渗流量近 1 000 L/s。经加固处理,1962

年装测压管,因坝体管和坝基管都在砂砾石中,所以迟后时间均在一天以内。当库水位超过 219 m 时,东坝肩山头的基岩绕渗测压管 0+878-1 的管水位出现突升的异常现象,1965 年 8 月 4 日库水位仅上升 0.53 m,管水位却上升 2.3 m,位势由 42% 上升到 63%(正规情况,位势基本不变)。该测压管水位与库水位的相关曲线见图 4-18,库水位上升到 219 m 时,出现一拐点,分析认为在 219 m 高程有一渗水通道,附近防渗体裂缝或有相对强透水层,使该测压管上游渗径阻力较其下游阻力锐减。经挖深及同位素测定,查明该管前横拦一凸出的山梁,岩面高程恰好为 219 m 左右,山梁前山坡处,有透水性强的碎石和堆石,黏土斜墙沿山坡以开槽填筑,山岩破碎,未做截水墙,以致除横拦的山梁阻水外,其前面的渗径阻力较小,形成库水位高于 219 m 时管水位突升现象。

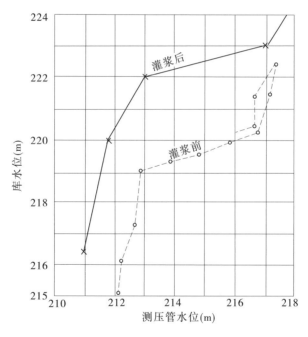

图 4-18　龙凤山土坝灌浆前后 0+878 测压管水位对比

图 4-18 中,在库水位升至 220.5 m 时,曲线又出现第二个拐点,可理解为高程 219.0~220.5 m 是主要进水通道,当库水位继续升高时,进入水量受进口的限制,只能靠增大渗流坡降来达到与下

游渗流的平衡。1976～1977 年进行帷幕灌浆后,库水位升到 219 m 以上时,该管水位比灌浆前降低 4 m 左右,但水位关系曲线上仍有两个拐点,说明原有高程的强渗水带被灌浆阻截后,在高程 220～223 m 间渗透,升格为相对强透水带。

　　江西省七一水库土坝 1972 年上游坝坡滑坡,处理时将黏土铺盖向侧岸延伸后,坝基测压管水位比以前降低 10 m,说明岸坡破碎岩绕渗的严重性。

　　关于坝端两岸绕渗影响坝体浸润线抬高,下游坝坡和两岸出渗水线抬高等的流网分析与计算方法,见参考文献[3][7]。从概念上分析,主要就是坝基和坝肩愈透水,其下游的渗压水头和渗漏范围愈大。我国第一座官厅水库建成蓄水,下游河谷裂隙岩体岸坡渗水线比人还高。因此高坝蓄水,坝肩山体与坝端接触一带常是发生险情之处。即使是混凝土坝,虽然坝体本身不透水,由于两端山脊渗水绕渗影响,也要增大坝基渗流的扬压力和坝肩山体渗流的水压力。例如意大利的瓦伊昂拱坝坝端,坝高 262 m,库容 1.1 亿 m³,1963 年 10 月 9 日,库区内的山体 2 亿余 m³ 突然滑塌,落入水库,将库水从坝顶排出,坝顶水深达 70 m,瞬时出库流量达 30 万 m³/s,下游的朗嘎汝恩镇全部破坏,2 000 余人死亡。水库报废了,但大坝却奇迹般地屹立着。这一事件震动了许多国家,像美国垦务局、日本电力公司、法国电力公司等对自己所管辖的水库的岸坡稳定,进行了一次全面检查。再例如我国的梅山水库连拱坝高约 80 m,水库蓄水后,水位逐年上涨,1958～1960 年水位达到 121 m 以上。1962 年 9 月 28 日,库水位上升到建坝以来最高水位 125.56 m,高水位持续 40 d,大坝运行正常,坝基无渗漏现象。到 1962 年 11 月 6 日库水位回降到 124.89 m,右岸坝头拱内突然发生漏水,14#、15#、16# 拱基及拱内岩石缝隙中均有大量库水涌出。11 月 8 日测量,14#～16# 拱内总漏水量为 70 L/s,右岸 14# 垛西侧有一未经填塞的固结灌浆孔,向外喷水,水头达 31 m,相当于水头标高为 114.5 m(当时库水位为 121.88 m),可见坝基的渗透压力值已达到非常惊人的数值。急忙放空水库,同时检查 13#、14# 垛及 15#、16# 垛,拱台上发生新裂缝 10 条,13#~16# 拱顶栏杆及平拱发生新裂缝 11 条,其中以 15# 拱顶内侧裂缝最大,平拱处最宽处为 6.5 m,长达 24 m。事后采取了防渗排渗等五种补强措施,也注意到了高坝两岸山脊岩体渗流的重要性。

4.9　土石坝滑坡险情的滑动面位置

滑坡险情与滑动面的位置密切相关,它的位置与斜坡坡角、硬底层的深度、土质及孔隙压力等因素有关。根据一些实有破坏的堤坝分析和计算的经验,均质土坝的滑动圆弧的位置大致如下。

(1)地基土抗剪力弱,而坝体土料抗剪力强时,滑动圆弧将不通过坝脚而通过较深的地基(见图 4-19)。

(2)地基土抗剪力强而又不透水的最坏情况,滑动圆弧可能与地基面相切。

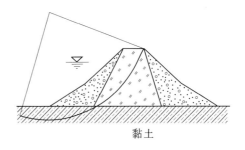

图 4-19　地基弱的坝体滑动

(3)地基与坝土强度相同,而坡角 $\beta<53°$ 时,滑动圆弧多半通过坝脚(见图 4-19)。但若土的内摩擦角 $\varphi<5°$,滑弧可能更低而甚至与下面的固定层边界相切。在坝体内有垂直或斜滤层时,滑动圆弧可能与滤层相切。

其他适用于不同地基的圆弧、复式圆弧等的滑动面及其险情,可参考堤岸边坡等的滑坡图 4-19~图 4-21。下面再对心墙土坝的滑动面举两个实例。

英国金佛德(Chingford)水库窄心墙土坝建造在有一层厚约 1 m 的黄色软黏土地基上,当堆筑约 8 m 高时,即黏土层整体向下滑动,并沿表面出现很多裂缝,如图 4-20 所示的复合滑动面。

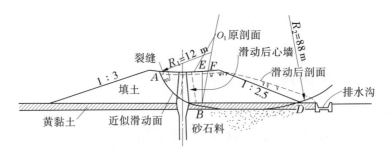

图4-20　软土层上的心墙土坝滑动实例(Chingtord 土坝)

黏土心墙砂壳坝,当砂壳施工压实较差时,滑坡经常会与心墙脱开一段,如图 4-21 所示,因为土层接触面 *CD* 的剪阻强度最小,最危险的滑动面可能是 *ADC* 同时在水位骤降时由于 *DE* 段没有孔隙水压力,故沿着 *ADE* 面的滑动可能性不大。我国沂水河上的跋山水库、汶河上的岸堤水库等土坝上游的砂壳滑动就与图 4-21 相类似。

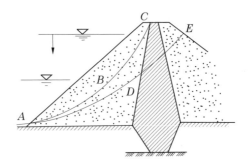

图 4-21　沿心墙接触面脱开的滑动面

4.10　滑坡险情与计算分析

前面所述堤防、岸坡、河谷山坡等边坡滑坡险情主要是因渗流滑坡,其过程裂缝先兆、观测处理方法等,在土石坝中同样适用。再者就是要采用合理正确的计算分析方法去核算滑坡险情的可能性。这个滑坡计算问题,自从水工渗流组公开发表了"渗透力有限元法"(《岩土工程学报》1982 年第 3 期,2001 年第 6 期)以来已经引起学报组织土力学派专家讨论反对 30 多年了。虽然讨论已见成效,原来反对"渗透力"的专家写代表性论文表示不再反对了(《岩土工程学报》2016 年第 8 期"焦点论坛"与 2017 年第 2 期讨论文），但仍有学术权威反对渗透力、动水压力算法，坚持原来的静水压力算法。因此，再互相讨论合理性，将有助于核算滑坡险情发生可能性的正确性。下面就结合土石坝滑坡险情实例比较计算结果分析原因，论证计算方法和程序的正确性（见参考文献[15]）。

4.10.1　土坝上游滑坡

图 4-22 所示为河北省岳城水库土坝发生滑坡计算实例，该坝基本上为均质土坝，高 50 m，上游有黏土铺盖的截水槽，1958 年建成蓄水后，1968 年和 1974 年由于库水位降落（图 4-22 中的库水位下降过程线），曾在坝中段和南段各发生 259 m 和 210 m 长的大滑坡，计算结果抗滑安全系数最小为 0.92 左右，而且与实测流场分布和滑坡位置及其相应库水位下降位置都相当吻合，说明计算方法的正确性。但是用一般条分法计算都得不出滑坡的结论，原因是没有考虑库水位下降过程中相应的坝内流场分布，或者仅使库水位下降至某位置，而仍引用了原有向下游渗流的稳定场水头分布（见 1985 年土坝设计规范），这就违反了实际上已是向上游坡渗流的水头分布。

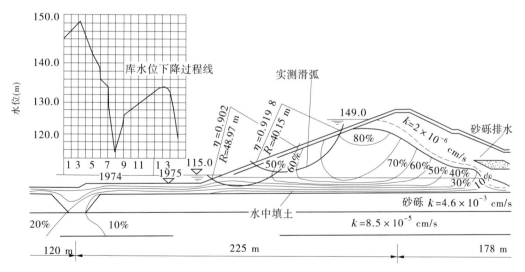

图 4-22　岳城水库土坝上游水位下降时滑坡计算实例

在岳城水库土坝上游滑坡稳定性分析计算中还得出各种情况

的稳定性安全系数(见表 4-1),可知渗流作用影响是何等的重要。

表 4-1　均质土坝上游滑坡各种情况的稳定性安全系数比较

情况	无渗流	有地震	有渗流	渗流加地震
安全系数	1.571	0.932	0.938	0.665

图 4-23 所示为江西省七一水库土坝计算分析 1972 年因库水位下降快(降速 $v=1$ m/d)发生在 0+241 断面的滑坡的最后计算结果中的一组。在校核水库水位 98.5 m 骤降到 88.5 m 时的危险圆弧滑动及其瞬间流场。由此流场也可看出其与常规条分法计算坝坡稳定性所假设的稳定渗流场是有区别的。

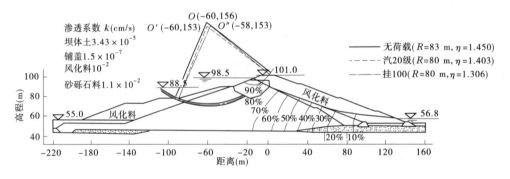

图 4-23　七一水库土坝上游水位骤降时坝坡滑弧位置及流场分布

七一水库土坝扩建断面的抗滑稳定性,根据上述计算危险滑弧的安全系数,已达到设计要求。但是,扩建的土坝上游坡发生大的滑动。当时,经过计算方法的对比研究证明:采用程序 UNSST2(渗透力有限元算法)计算说明已滑坡圆弧的安全系数 $\eta=0.99$;旧有条分法计算程序考虑瞬间渗流不周,所以 $\eta>1$。

七一水库扩建加固时曾准备在坝脚开挖排水沟,经南京水利科学研究院计算分析,认为也是不必要的。现在一直安然运行,这些问题的过程颇值得思考借鉴。

因为水库每年调蓄水位或发生事故就放空水库,所以上游滑坡实例较多,对这些实有水库土坝上游滑坡问题也曾用有限单元法程序计算过,结果列入表 4-2。这些滑坡土坝在设计时都用过一般条分法的总应力法核验过,安全系数 $\eta=1.2\sim1.6$;用有效应力法按照毕肖普简化法计算 $\eta>1$,只有按照流网修正毕肖普法才能取得与下表接近的 η 值。这就又一次说明必须正确考虑渗流场分布的重要性。

表 4-2　实有土坝上游滑坡稳定分析有限单元法计算结果

土坝名	江西七一水库	河北岳城	山西文裕河	陕西汉阴	福建红五一	福建岭里	河南弓上
安全系数 η	0.99	0.923	1.02	0.93	0.999	0.96	1.01

4.10.2　土坝下游滑坡

我们计算过的很多病险水库,都是类同表计算的结果,说明用前规范中的条分法验算水位急降的上游滑坡问题是偏于危险的。但是如果底部有砂层排水,渗流方向向下,引用条分法计算就又偏于安全,例如图 4-24 的福建省山美水库土坝下游坡,渗流计算的浸

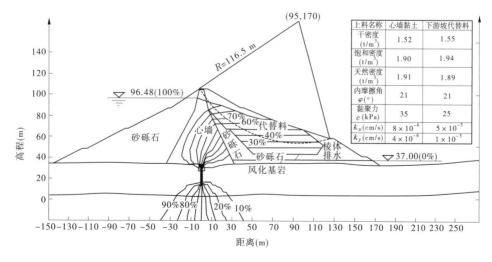

图 4-24　渗流向下的高浸润线下游坝坡稳定性验算(山美水库)

润线很高,等势线分布基本水平,渗流向下,验算滑坡安全时,用条分法计算,不满足设计要求,加固设计方案需要费用千万元以上;若用考虑渗流方向的有限元法计算就能满足要求,比较计算同一危险滑弧的安全系数结果列入表 4-3。

表 4-3　渗流向下的坝坡(图 4-24)抗滑安全系数计算比较

计算方法	安全系数		
	渗流加地震Ⅶ度	渗流加地震Ⅷ度	无渗流无地震
瑞典圆弧法	1.047	0.938	1.389
毕肖普条分法	1.203	1.082	1.535
有限元法	1.648	1.512	1.532

这样类同山美水库的高浸润线下游坝坡并不少见,例如松涛水库、洪门水库等,当时也是争论不休,认为浸润线高总是危险的;现在已经经过几十年仍然安全,可见,不考虑渗流方向的条分法验算滑坡是不可靠的,有时偏于危险,有时偏于安全,误差之大,资财浪费之巨大,不可忽略。

4.10.3　小结讨论

上述土坝上下游滑坡实例计算比较主要是说明原有的常规垂直条分静水压力算法的结果不是危险就是浪费。我国已建 8 万多座水库,其土石坝稳定性计算,都是按照设计规范设计建造的,广泛的民生工程,不可忽视。所以希望设计规范能纳入我们提出的"渗透力有限元算法"。不巧却遭到岩土学报院士主编,号召组织土力学派专家讨论反对,为此争论不休 30 年。这些反对意见都归纳写入《堤坝安全与水动力计算》(2012 年)中,加以解释说明渗流场的孔隙水压力必须是动水压力,渗透力是边界动水压力转换过来的,不是虚构的,也不需要积分等。但此书很少被注意,随后还有土力学专家写文称稳定渗流是静水压力等(《岩土工程学报》2013 年第5 期讨论文)。更奇怪的是,2003 年第 6 期《岩土工程学报》主编在"焦点论坛"中批评水工渗流组发表的滑坡论文,而且拒登作者的申辩文,学术观点争议影响了国家设计规范的编写,例如学报院士主编在"焦点论坛"中写道"近几年许多报刊上发表过类似的论文,更有甚者 2002 年的国家标准《建筑边坡工程技术规范》还把动水压力的稳定分析方法纳入强制性规范"等。随后这本边坡规范就组织编写再版了(2013 年),接着《岩土工程学报》2016 年第 12 期论文表示赞成《边坡规范》再版删去动水压力算法,同时又建议用流网中的等势线水头压力计算。这显然是自相矛盾,因为流网就是动水压力,说明《边坡规范》再版删去原来的动水压力算法是错误的,是太不理解渗流水压力。我们必须再写讨论文解说渗流水压力必须是动水压力(见参考文献[14]),它与静水压力之间相差到百分之几十,会影响坝体安全,结果自然严重。要求学报发表,并互相讨论(《岩土工程学报》2017 年第 11 期讨论文),希望滑坡问题设计规范再版时采用合理的稳定性计算方法,不能再用将近一个世纪的垂直条分静水压力算法。水土之间应互相学习。在此不妨回忆一下:渗透力计算公式,最早提出来的是土力学开拓者太沙基(Karl Terzaghi,1922),而且他曾在一次坝基安全鉴定会讲话中号召岩土界要精通"渗流水力学"。

4.11　控制水位降速预防滑坡

渗流破坏中的整体性滑坡一般比较缓慢,没有局部集中渗流管涌险情发展快。一旦大面积滑坡或有迹象滑坡就可放空水库防止险情发展,并采取上部削坡、减载、坡脚压载打桩阻滑。再计算分析具体削坡压载份量与位置,甚至采取坝脚底层沟井排水和坡面排水措施。除这些一般性预防滑坡措施外,下面再结合水库特点介绍水位降速问题。

关于预防上游放空或调蓄水位时滑坡的发生,则可控制库水位下降速度的措施。因为库水位下降快,坝坡中渗流自由面(浸润线)来不及下降,就形成较高的水头差,容易滑坡。因此需要知道下降过程中影响水头差大小的因素。

根据前人已有研究成果,取比值 $\dfrac{k}{\mu v}$ 作为库水位降落快慢的指标来判别对坝坡稳定性影响的大小是合理的。其中 k 和 μ 是滑坡土的渗透系数和给水度,v 为库水位下降速度。因为研究的坝型不同,各家给出的指标的数据大小也不同。根据对上游坝坡排水条件不好的均质土坝和心墙砂壳的分析计算结果,可以规定:$\dfrac{k}{\mu v} < \dfrac{1}{10}$ 时为骤降,此时坝体内渗流自由面在库水位降落后仍保持有总水头的90%左右,故可近似认为自由面没有下降,而用原有稳定自由面作为坝坡稳定分析的最危险水力条件,以策安全;当 $\dfrac{k}{\mu v} > 60$ 时为缓慢下降,此时坝体自由面保持有总水头的10%左右,已不致影响坝坡的稳定性,可以不必考虑;当 $\dfrac{k}{\mu v} > 100$ 时,自由面就与库水位同步下降。因此,只有在 $\dfrac{1}{10} < \dfrac{k}{\mu v} < 60$ 范围内,应当按照缓降过程计算各时段自由面的下降位置。以便正确验算险情和防止滑坡险情。

根据几个典型土坝的计算资料,取自由面最高点加以分析时,如图4-25(a)代表透水地基上的大致均质土坝,其自由面最高点在满库时的坡面与水面交点向下引的铅垂线上;图4-25(b)代表心墙砂壳坝,其自由面最高点沿着心墙上游坡面下降。最高点的水头 h_0 是以库水位最大降距终了时的库水位为基面计算,降落过程只取到库水位最大降距时即可。因为坝坡稳定分析时,库水位降落停止前是最危险的库水位,超过此时,由于自由面继续下降,而与库水位的高差渐小,危险程度也就渐减,不必考虑。这样经过几座实际土坝的计算分析,就可得到渗流自由面或浸润线最高点下降水头 h_0 与全程下降水头 H 比值的经验公式为

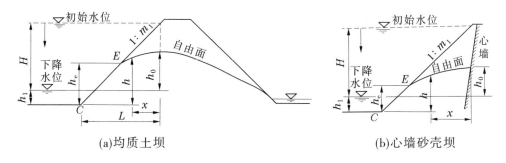

(a)均质土坝　　　　　　　　　(b)心墙砂壳坝

图 4-25　库水位下降时的浸润线位置

$$\frac{h_0}{H} = 1 - 0.31\left(\frac{k}{\mu v}\right)^{1/4} \qquad (4\text{-}1)$$

式中:k 为土坝的渗透系数;μ 为土的给水度;v 为上游库水位下降速度。注意:土坝的组合参数 $\dfrac{k}{\mu v}$ 中的 k 和 v 的单位必须相一致。浸润线下降过程中的最高点位置 h_0 确定后,就可应用巴甫洛夫斯基的分段法计算渗出点和浸润线的位置(见参考文献[3]第 3 章滑坡)。

从上面分析的经验公式(4-1)对照规定以组合参数 $\dfrac{k}{\mu v}$ 作为库水位下降快慢是否会影响坝坡的稳定性的指标,是合理的。例如 $\dfrac{k}{\mu v} = \dfrac{1}{10}$、20、30、60 时,计算结果 $\dfrac{h_0}{H} = 83\%$、34%、27%、14%。从这些数据看,渗流自由面下降到 30% 左右时,土坝流网上下游基本对称,稳定性相同。因此,可选择组合参数 $\dfrac{k}{\mu v} = 20 \sim 30$ 作为上游坝坡不会因库水位下降发生滑坡的指标。土坝的渗透系数 k 值可查表 1-1,

给水度 μ 值可查图 4-26 的曲线或经验公式[式(4-2)],注意此式中的主要因子渗透系数 k 的单位为 cm/s,式中的次要因子孔隙率 n 接近常数 0.4。像这样类同土的颗分曲线 S 形的曲线方程应是指数的指数方程形式(见参考文献[7]第 8 章经验公式)。

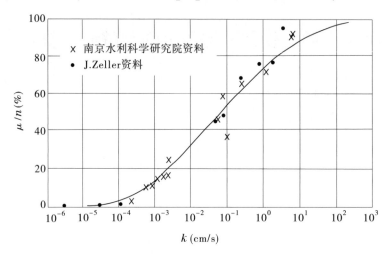

图 4-26　土的给水度与渗透系数的关系

$$\mu = 1.137n(0.000\ 117\ 5)^{0.607^{(6+\lg k)}} \tag{4-2}$$

现在举例应用上述方法计算可作参考的库水位下降速度如下:

(1)均质土坝,重粉质壤土,$k = 2 \times 10^{-4}$ cm/s,$n = 0.442$,代入给水度公式(4-2)得 $\mu = 0.028$(试验的 $\mu = 0.007$);再代入库水位下降组合参数 $\dfrac{k}{\mu v} = 20$,此式用 $k = 2 \times 10^{-4}$ cm/s $= 0.173$ m/d,求得 $v = 0.31$ m/d。

(2)心墙砂壳坝,中细砂壳的渗透系数 $k = 1.7 \times 10^{-3}$ cm/s $= 1.47$ m/d,$n = 0.438$,代入式(4-2)求得 $\mu = 0.082$;再代入式 $\dfrac{k}{\mu v} = 20$,求得 $v = 0.9$ m/d。

由上两例计算,用参数 $\dfrac{k}{\mu v} = 20$ 作为库水位下降速度限制时,均质土坝 $v < 0.5$ m/d,心墙砂壳坝 $v < 1$ m/d,k 值大,允许 v 值增大。

此时的坝体渗流浸润线下降到全程 H 的 50% 以下,估计不会滑坡了。但实际上对坝的设计验算可能不精确,或是按库水位骤降验算的。所以水库管理人员还要结合实际情况参照上述计算方法制订出水库放空时的允许下降速度。

4.12　水库涨水荷载黏土铺盖沉降裂缝险情算法

4.12.1　水库涨水问题简介

4.11 节介绍水库放空时水位下降不能太快,防止土坝上游滑坡。同样建好水库蓄高水位涨水时也不宜上升太快,原因是升降水位太快形成库水位与坝体渗流浸润线之间的高差太大,也即渗流坡降或渗透力太大冲向坡面会滑坡,冲向坝内土体前进的浸润线变陡,坡降大,也会局部挤压土体密实可能发生裂缝。因为涨水距下游出渗坡面较远,可以引用 4.11 节组合参数 $\dfrac{k}{\mu v}=10$ 核算水库涨水时上升速度的指标要大于此值。

水库涨水蓄高水位时的水压力荷载就会形成黏土铺盖和地基内黏土层的渗流固结过程。因为黏土层透水性小,渗透坡降大,也就是渗透力大,就逐渐挤压土体排水固结。排出的水量就是黏土的沉降量。没有排水渗流,也就没有固结,所以导致排水固结或渗流固结可以解算渗流方程求得涨水后各时段黏土层的固结度和沉降值(详见参考文献[4])。

4.12.2　涨水固结沉降问题算法

这个水库涨水荷载固结沉降问题的算法,尚未见有过介绍。设计规范只有照抄土力学一般地面荷载下的固结沉降算法。但那些地面排水边界和最终固结时的静水压力等条件都不合理。例如,西部大开发项目下坂地水库黏土铺盖防渗在蓄高水位 55 m 水头压力下的固结沉降按照渗流固结理论计算坝脚上游 700 m 处的黏土铺盖厚 5.53 m,沉降为 1.7 m;而设计按照土力学算法,沉降为 2.3 m,误差为(2.3 - 1.7)/1.7 = 35.3%。因此,希望设计规范对这个水库涨水荷载固结新问题不要照抄土力学教材中的算法(详见参考文献[4])。

根据排水渗流固结理论算出的水库黏土铺盖各点的固结沉降值,例如,下坂地水库已计算出上游坝脚处最厚(12 m)铺盖和上游端最薄处(4 m)铺盖最终沉降为 1.512 m 和 1.556 m,就可估算铺盖发生裂缝的可能性,讨论如下。

4.12.3　沉降裂缝估算

关于估算水库涨水时铺盖与土坝防渗体裂缝产生的可能性主要与不均匀沉降有关。从力学上分析,它是剪切破坏及张拉破坏的结果。因此,裂缝的产生在变形及应力观测成果上应有所反映。可以根据实测的沉降和位移,计算坝的横向倾度和拉应变的分布,再与土的临界倾度和拉应变比较,对有无裂缝做出判断。经验数据参考如下:

设 S 为两点间的沉降差,L 为两点间距离,则倾度就是单位水平距离的沉降量,即 S/L。以百分数表示。土体的拉应变说明单位长度的两点位移差,以 ε 表示百分比值。根据土工试验,黏土的拉应变临界值 $\varepsilon = 1\%$,超过此值就有裂缝可能。在设计方面的经验是沉降临界倾度是 2%,超过此值可能裂缝。

根据上述抗拉变形的黏土拉应变 ε 的临界值 1% 与可能发生裂缝的黏土铺盖倾度 $S/L = 2\%$ 的经验数据,还可参考下面公式计算。公式来源是把铺盖切出一条单位宽的梁板,计算均匀荷载下简支梁长度 L,最大挠度 Y_{max}(相当沉降值 S),梁的厚度 T(铺盖厚度)及拉应变 ε 关系如下式:

$$L = 2.2 \sqrt{TY_{max}/\varepsilon} \qquad (4-3)$$

按照碾压土坝裂缝的临界拉应变 $\varepsilon = 1\%$ 考虑,则根据下坂地水库计算铺盖 $T = 5.53$ m 时,最大沉降 $Y_{max} = 1.7$ m 代入式(4-3)算

得 $L=67.3$ m,即在此距离内不允许发生 1.7 m 的沉降差,或以平均倾斜度表示 $Y_{max}/L=2.5\%$,大于设计允许最大倾斜度 2% 的经验值。因此在接近铺盖上游端附近有可能发生裂缝。再计算坝脚处铺盖厚 12 m 处沉降值 1.51 m 代入式(4-3)计算 $L=93.5$ m,倾度为 $1.51/93.5=1.6\%$,小于 2%,因此坝脚处铺盖就不会裂缝。

注意引用上式估算裂缝可能性,只能作为参考,因为式中的拉应变 ε 值还要看土质情况,而且公式来源是简支梁。如果换成悬臂梁分析,就又有少许差别,见参考文献[9]。再例如参考文献[11]分析黏土和土坝裂缝两端固定时中间最大沉降量公式 $L=\pi\sqrt{TY_{max}/2\varepsilon}$,却与上式类同,所以也可引用互相比较。说明了影响裂缝的主要因素,要比只给出一个经验数据好些。

关于估算黏土铺盖或土坝裂缝问题的公式来源,还是作为简支梁考虑比较合理,两端支座相当于铺盖两端的岸坡,取单位宽度 $(b=1$ m$)$ 铺盖,厚度 T,长度 L,均匀荷载 w 时的简支梁的最大挠度为 $Y_{max}=\dfrac{wL^4}{77EI}$,最大弯矩 $M_{max}=\dfrac{wL^2}{8}$,弹性模量 $E=\dfrac{\sigma}{\varepsilon}$,矩形断面惯性矩 $I=\dfrac{bT^3}{12EI}$,铺盖上下表面最大应力 $\sigma=M_{max}\dfrac{T}{2}/I$,依次代入,就得到式(4-3)。

4.12.4　小结讨论

黏土排水固结理论算法与渗透力算法,最早提出来的都是土力学开拓者太沙基(Karl Terzaghi,1923),这方面问题有互相联系类同之处。渗透力是土坝边界水压力转换成土坝内部的体积力(见参考文献[3][4]);黏土防渗铺盖固结问题是上面边界荷载压力转换成内部渗流的渗透力挤压土体固结密实的。如果没有排水渗流,再大的外荷载压力也不会压实土体固结,所以提出了上述渗流固结理论算法。同时已首次成功应用到下坂地水库防渗铺盖的涨水固结沉降裂缝计算(见参考文献[9])。为了填补学术上的这项空白,我们整理出长篇论文,包括非达西渗流固结沉降算法在内希望岩土界权威性刊物发表公开讨论。但又和学报反对渗透力那样,认为与土力学教材观点不符,就拒登了。我们只好发表在参考文献[4]的书中,第 5 章第 10、11 两节(P. 193~P. 212),指出照搬土力学教材中的一般荷载观点是错误的。涨水荷载下黏土铺盖上面不可能是排水边界,最终固结也不是静水压力,应当理解渗透力在固结问题中的挤压土体密实主导作用了。这些对渗流概念上的不清问题,希望岩土界学报刊物能像反对渗透力、动水压力等组织讨论经历 30 年(见参考文献[3]),总会得出比较合理的学术观点,不再反对渗透力了(见岩土工程学报 2016 年第 8 期"焦点论坛"与 2017 年第二期讨论文),对学术发展有促进作用。这次土力学派又一次反对渗流固结理论算法,认为与土力学教材不符,固结问题与渗透力无关,甚至"迷信"国外,说"空话","外国土力学(Lambe 著,1969)书上已有水库涨水荷载固结沉降算法"等,来否定首次提出的涨水固结问题渗流理论算法,这充分说明学报刊物"一言堂"派性学风阻碍学术发展的严重性,所以只有公开讨论,甚至争论,互相学习才是学术发展的正路。没有深入的学术讨论,有的学术观点就很难说是正确的。

在此小结,能了解这些渗流概念不清问题的存在(详见附录B),也将有助于合理识别水库涨水发生险情的可能性。

4.13　土坝裂缝险情

坝体裂缝是常见的现象,但有的裂缝能在坝面上看到,而有的看不见,看不见的裂缝称之为隐蔽裂缝。裂缝的宽度、长度和深度的变化范围甚大,这与地形、地基条件、填土的物理力学性和受力条件等因素有关。裂缝的走向也是各式各样的,有平行坝轴线的纵向缝,有与坝轴线垂直的横向缝,有与坝轴线成一交角的斜缝,也有与水平面大致平行的水平缝。上述种种,都是在实际观察中总结的现象。目前,尚无法用计算的方法准确地确定裂缝的位置、宽度和深度等要素。

对裂缝的分类,也有不同的方法。按裂缝的成因分类,有变形裂缝、气候(干缩、冰冻)裂缝、滑坡裂缝和振动裂缝;按裂缝走向(几何法)分类,有纵向裂缝、横向裂缝、水平裂缝、斜向裂缝和龟纹裂缝。从广义角度而言,上述各种裂缝都可归入变形裂缝。除上述分类外,还有其他分类法。在我国较流行的是几何分类法。

4.13.1　纵向裂缝

纵向裂缝的走向大致与坝轴线平行,倾角一般在 $80° \sim 90°$,其深度有浅有深,它的危害性要视具体情况而定。若纵向裂缝与上下游坝壳之间有次生斜缝相连通,则是危险的;否则,就不会形成危险的集中渗漏。

纵向裂缝的产生,主要与坝壳和防渗体的差异变形有关。水库蓄高水位时砂壳沉降快,心墙沉降慢,可能在接触面裂缝,水位上升快,心墙浸润陡,土质渗流不均匀,也会在心墙内发生裂缝。

浙江省金兰水库土坝心墙发生隐蔽的纵向裂缝,并伴有众多的次生缝向上游坝壳,使心墙内测压管的位势明显地增大,就是一个具有危险性的纵向裂缝的典型实例。

4.13.2　横向裂缝

横向裂缝通常发生在坝两岸的岸坡上,其走向大致与轴线正交。一般能通过坝面巡视检查发现,但也有隐蔽的。不均匀沉降是产生横向裂缝的主要原因,有时水力劈裂作用促使裂缝加宽,而导致垮坝。此种裂缝的有无,也可以通过纵向倾度和拉应变的计算结果做出判断。贯穿防渗体的横向缝是极其危险的。

根据谢拉德的调查,美国斯托克顿溪坝左岸头被冲毁一段,但在库水位上升之前,给过检查没有发现穿过坝体的张开横向缝,或其他可能渗漏的通道。因此,谢拉德认为,导致初始渗漏很可能是在水库蓄满后的几小时发生的,最可能的原因是水力劈裂使横向缝突然张开,达到了可观的宽度。

4.13.3　水平裂缝

目前,比较一致地认为,拱效应是产生水平裂缝的主要原因。所谓拱效应,是指坝壳的沉降稳定快,而心墙的沉降稳定慢,或坝壳的沉降速度小于心墙的沉降速度时,稳定的或沉降慢的坝壳将阻止心墙继续沉降,从而导致坝壳与心墙交界面上产生方向向上的摩阻力,这个力将使心墙的垂直压力减小。拱效应越大,垂直压力减小越多,致使在心墙内出现垂向拉应力区。当产生的拉应力超过心墙土的抗拉强度时,即产生水平裂缝。在这种低应力区也更易发生水力劈裂。因此,若在变形、应力及渗流观测中出现下列异常现象,则可能产生水平裂缝。

(1)坝壳的沉降稳定时间先于心墙,或坝壳的沉降速度小于心墙,这是产生拱效应的先决条件。

(2)在边界条件相同时,心墙内观测的垂直压力随时间明显地减小或为0,而坝壳观测的垂直压力增加。

(3)在心墙产生拉应力的区域内,心墙将被拉松或拉断,因而其压缩增量(两次观测土层厚度之差)将出现负值,即产生拉应变。

(4)心墙内渗流异常。这主要表现在测点的位势增大(部分心墙防渗失效);若裂缝贯穿心墙,则在同一断面上,上游坝壳内测点的位势将减小,观测的渗流量将迅速增大。

心墙内产生水平裂缝,而导致渗流冲蚀,英国巴德黑德坝(高48 m)是一个典型的实例。例如印尼贾提路哈尔堆石坝,坝高112 m,心墙为高塑性黏土,在坝的施工期及竣工后坝顶出现一条大致300 m长的纵向裂缝,其最大宽度达37 mm。后又根据钻孔不回水的异常现象,并经开挖探坑证实,坝内存在严重的水平裂缝区。

关于坝体裂缝塌坑险情,还可参看图3-16和图4-1~图4-10。

4.14 测点水位异常预报险情的必要充分条件

水库土坝都是埋设测压管或渗压计预报渗流险情发生的。但个别测压管水位异常现象,仅是可能发生险情的必要条件,而非充分条件。因为个别一根测压管的升高或降低,只能说明管上下游发生了渗透变形或渗透性变化(冲刷或淤堵),从一个稳定期过渡到另一个稳定期。也就是说,管水位的升降取决于前后渗透性比值的增减。例如,管水位升高($h\nearrow$),象征比值增大($\dfrac{k_1}{k_2}\nearrow$),k_1、k_2分别代表上下游地段的渗透系数,也就是四种情况都可满足管水位升高的条件,即①k_1增大,k_2不变;②k_1不变,k_2减小;③k_1增大多于k_2;④k_1减少少于k_2。因此不能从一根测压管的水位升降来肯定渗透变形的位置作为充分条件,还必须结合上下游测压管水位变化关系加以比较,才能肯定渗透性改变和渗透变形的部位。如图4-27所示的前后两根测压管水位过程线P_1及P_2,就可肯定在两点之间渗透性增大而发生了冲蚀(刷)变形。

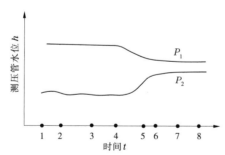

图4-27 相邻两测压管水位在特定库水位下的过程线

缺少上下游测压管而只有一根管水位的升降判断问题时,还可结合渗流量Q的变化作为充分条件。即管水位升高($h\nearrow$),标志着$\dfrac{k_1}{k_2}\nearrow$,此时在上下游固定边界条件水位下,若再有$Q\nearrow$时,则k_1必须增加;若$Q\searrow$,则$k_2\searrow$。相反,若管水位下降($h\searrow$),同样可以得出所

发生的相应变化情况。因果关系表示如下(见参考文献[3]):

$$h \nearrow \frac{k_1}{k_2} \nearrow \begin{cases} Q \nearrow & k_1 \nearrow \text{上游冲} \\ Q \searrow & k_2 \searrow \text{下游淤} \end{cases} \tag{4-4}$$

$$h \searrow \frac{k_1}{k_2} \searrow \begin{cases} Q \nearrow & k_2 \nearrow \text{下游冲} \\ Q \searrow & k_1 \searrow \text{上游淤} \end{cases} \tag{4-5}$$

现分析弓上水库西坝头左岸绕渗测压管资料,左坝头有强透水岩层,绕渗严重,从坝前测压管 $10^{\#}$ 与坝后 $5^{\#}$ 管水位逐年变化趋势,如图 4-28 所示为库水位高、中、低三种特定水位下的历时过程线,可知基本类似。只有高库水位 498 m 时在 1971 年上游一水库土坝冲垮淤积到下游该坝后的两年,坝前管水位显著下降和坝后管水位上升。说明这两年在坝前后测压管之间的区段发生了冲刷,或者说该区段的渗透性较之其上下区段相对变大了。

从多年来总趋势看,坝前后测压管水位都有下降趋势。再结合渗流量在特定库水位情况下的历年变化也有下降趋势,如图 4-29 所示。故可肯定在 1971 年以后上游淤积防渗是主导作用。同时从管水位(见图 4-28)渗流量(见图 4-29)的历时过程线也可说明高水位 498 m 时变化平缓多属冲刷过程,低水位 490 m 时冲淤多变,过程线较不规则,而且下游出浑水多发生在库水位上升过程中及随后一段延续时间。

再举陆浑水库西坝头砂卵石层绕渗测压管水位观测资料分析实例。管号 H_{18} 的水位与库水位相关线如图 4-30 所示(点子分散可能是管水位迟后 7 d 的原因),虽然从 1981 年管水位就有下降趋势, $h \searrow$ 也不能说运行好转;因为结合渗流量增大($Q \nearrow$)的资料分析,如图 4-31 所示,就可推知该测压管的下游发生了冲刷使渗透性增大了($k_2 \nearrow$)。当然,能结合其他前后测压管水位相关线加以比较,更可肯定渗透性改变和渗透变形的部位。只有前后各管水位都在逐年下降才能肯定运行好转,且多是上游淤积或采用防渗措施的结果。

再举海南松涛水库高 80 m 的均质土坝浸润线逐年升高的实例(见参考文献[12]),坝体测压管和渗压计测得测点水位普遍逐年

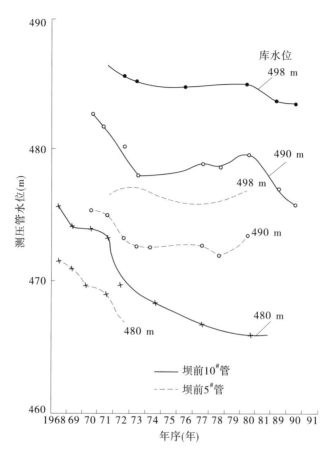

图 4-28　弓上水库特定库水位(高、中、低)下测压管水位过程线

升高($h\nearrow$)。再结合渗流量逐年减小趋势($Q\searrow$),如图 4-32 所示,就可肯定下游渗透性减小了($k_2\searrow$)。说明了松涛水库大坝在多年运行中,由于下游水平排水系统的缓慢淤堵,渗流量逐年下降。另一水库土坝砂卵石坝基测压管水位有下降趋势($h\searrow$),但渗流量逐年下降($Q\searrow$),如图 4-32 所示,就可肯定上游渗透性减小了($k_1\searrow$),说明坝前河床泥沙淤积了。

因此,对前面各小节测压管异常现象的险情都可以引用上述必要充分条件测的规律式(4-3)加以分析。例如前面所述的心墙土坝图 4-29 高库水位时心墙前坝壳测压管水位(渗压计)下降($h\searrow$),渗流量增加($Q\nearrow$)。引用上述规律,$k_2\nearrow$就肯定是下游心墙发生冲刷裂缝了。

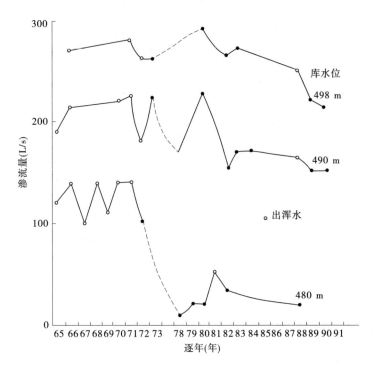

图 4-29　弓上水库特定库水位(高、中、低)下渗流量过程线

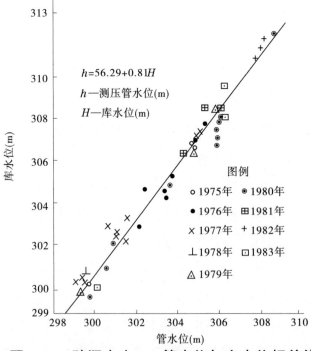

图 4-30　陆浑水库 H_{18} 管水位与库水位相关线

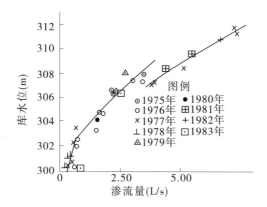

图 4-31　陆浑水库土坝渗流量与库水位相关线

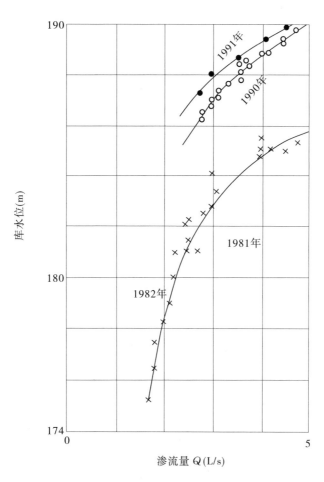

图 4-32　松涛水库土坝渗流量与库水位相关线

4.15　土坝漫顶溃决险情

淮河上游在 1975 年 8 月发生的特大暴雨和板桥、石漫滩等大中小水库多座水库土坝漫顶溃决,这是治淮设计难以预计到的。"75·8"水患灾难,暴雨溃坝险情之广,死人之多,也许可与黄河决口险情相比,中原大地的不幸简述如下:

1975 年 8 月上旬在河南省南部淮河上游丘陵地区发生这场特大暴雨,从 8 月 4~8 日,暴雨中心最大过程雨量达 1 631 mm,位于伏牛山脉的迎风面,集中在京广铁路以西板桥水库、石漫滩水库到方城一带。在暴雨中心,最大 6 h 雨量为 830 mm,超过了当时世界最高记录(美国)的 782 mm;最大 24 h 雨量为 1 060 mm。暴雨区形成特大洪水,量大,峰高,势猛。洪汝河在班台以上的产水量为57.3 亿 m^3,沙颖河在周口以上的产水量为 49.4 亿 m^3。对暴雨区内的水库群造成严重的威胁,多座水库漫顶溃决。

板桥水库设计最大库容为 4.92 m^3,设计最大泄量为 1 720 m^3。而它在这次洪水中承受的洪水总量为 7.012 亿 m^3,洪峰流量为17 000 m^3/s。8 月 5 日早晨,板桥水库水位开始上涨,到 8 日凌晨 1时涨至最高水位 117.94 m,防浪墙顶过水深 0.3 m 时,大坝在主河槽段溃决,6 亿 m^3 库水骤然倾下,最大出库瞬间流量为7.9万 m^3/s。溃坝洪水进入河道后,又以平均 6 m/s 的速度冲向下游,在大坝至京广铁路直线距离 45 km 之间形成一股水头高达 5~9 m、水流宽为 12~15 km 的洪流。

石漫滩水库同样涨水过程,防浪墙顶过水深 0.4 m 时,大坝漫决。库内 1.2 亿 m^3 的水量以 2.5 万~3 万 m^3/s 的流量在 5.5 h 内全部泄完。下游田岗水库随之漫决。同样形成大面积的洪流。

据目睹者称,雨后山间遍地死雀,平地一片洪流,尚有树上人与蛇争生存空间等待救援,险情灾情可见一斑。

洪水垮坝后的年代除修复大坝外,也重视了如何预防再发生如此水患灾难的发生。在科研方面掀起了"自溃坝"的研究[10]。其实,如此水患灾难,主要是水利规划设计问题,必须提高该地区的规划设计标准,再找库区适当地点扩建溢洪道以及在防浪墙顶预留临时加高余地。更重要的是提高管理水平,完善通信网格、情报及时等,减少人员死亡人数。让水库下游人民安居乐业为首要任务。

关于土坝漫顶水流冲刷决口险情,可参考附录 A 中的冲刷公式[式(A-10)和式(A-11)]估算险情发生的严重性和土坝发生决口的可能性。

第 5 章　水闸冲刷渗流险情

5.1　水闸泄洪冲刷险情与防护

5.1.1　水跃消能与冲刷险情概述

水闸可谓是水利工程中最为普遍的泄水建筑物,堤防、水库等都少不了它。一般平原上的水闸如图 5-1 所示,它的破坏形式部位多是在水流最集中、流速最大以及消能工、消力池的部位。例如江苏省 1956 年建的高良涧闸[参看图 5-1(a)中的平底闸],就是在闸孔出流发生水跃的消力池前端斜坡段被水流局部冲毁过的。治淮初期 1953 年在洪泽湖东南侧建的 63 孔最大的三河闸也是随后加固消力池前斜坡及池底厚度的。山东青岛某水库泄洪闸也是在池前斜坡段被水流局部冲毁加固的等。其他像图 5-1 中堰闸形式的江苏省运东分水闸和图示灌溉总渠的涵洞,其破坏部位同样也是在出流发生水跃消能的部位,容易被水流局部冲毁。

水跃消能是平原水闸最常用的较好消能措施。其消能效率随闸孔出流速度增大高达 60%～70%,三元扩散水跃的消能率高达80%。剩余 40%左右的出消力池缓流冲力能量对下游河床冲刷就不会危及水闸的安全。但若消能不好,下游尾水位低,水跃后出池水流不能形成面流式缓流,而是跌流式波状水流(如图 5-2 所示),就会冲深河床,危及消力池的安全。或者消能扩散不好,个别闸孔开放等情况,则会形成侧边回溜,主流集中,单宽流量高达 3 倍于出闸孔水流的集中流势,造成河床的严重冲深,如图 5-3 所示的六垛南闸,下游水流集中及冲深情况。像这样冲深河床者不少,例如黄河花园口泄洪闸,1962 年泄洪 $Q = 6\ 000\ \mathrm{m^3/s}$,$14^{\#} \sim 16^{\#}$ 闸孔下游单宽流量 $45\ \mathrm{m^2/s}$,河床冲坑深 14 m,其他如芦苞闸、润河集闸等。关

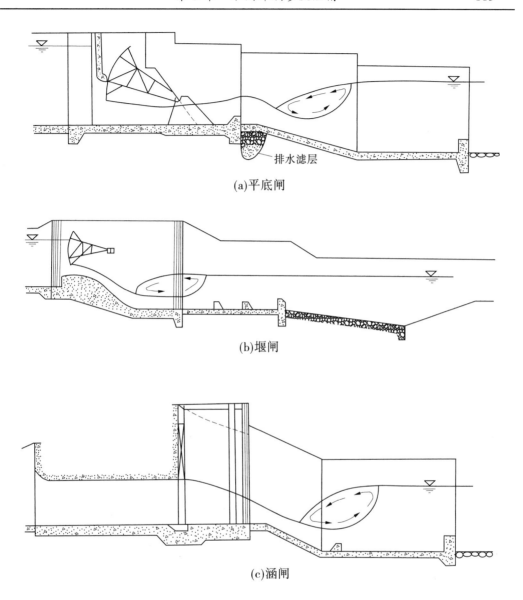

排水滤层

(a)平底闸

(b)堰闸

(c)涵闸

图 5-1　平原水闸泄洪水跃消能示意图

于河床的冲刷深度和抛石海漫块石的大小计算方法,参见附录 A
和参考文献[4]。

5.1.2　防护补强措施

关于防止出消力池或固定护坦的水流冲深河床危及工程安全
的措施,一般都是抛石海漫,如图 5-1、图 5-2 所示。若不采用平铺

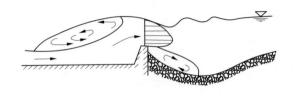

图 5-2　出池跌流冲刷

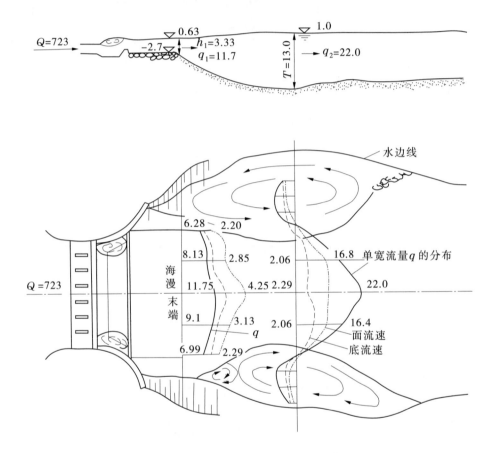

图 5-3　六垛闸两侧回溜主流集中及冲坑情况

　　块石海漫防冲时,还可在混凝土护坦末端或消力池尾槛处打板桩或筑截墙深入地基来保护固定护坦下的地基免被淘刷失去稳定性,如图 5-4 所示。但此时应在前面护坦下设滤层排水以减轻拦截护坦末端渗流出口所增大的扬压力。板桩的深度则取决于冲坑深度和土质坡面的稳定性。此法也常用于护岸工程。

　　当岩基冲刷坑危及建筑物固定护坦时,也可采用稳定坑前岩坡面填补混凝土的防冲方案。如图 5-5 所示为多瑙河上的 Kachlet 堰,片麻花岗岩河床被冲深 6 m。经过试验研究,在定床模型中测得底部最大动水压力荷载正好在动床模型的最大深处,因而采取了图示的堆石混凝土填筑形式(钢筋拉住)。

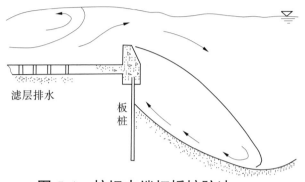
图 5-4　护坦末端打板桩防冲

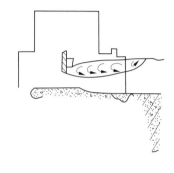
图 5-5　Kachlet 堰冲刷后
补救工程

　　为避免冲刷险情,运用管理十分重要。开闸放水一定要齐步逐级开起闸门,不能个别闸门开放,特别是尾水位低的情况。而且要估算大流量和大水头差下的可能冲刷深度(参考附录 A)。对于多孔大型水闸,如三河闸。黄河上的泄洪闸、内蒙三盛公拦河闸等,由于宽广水域较难做到完全平均水流分布,就得随时观测水势,及时调整闸门开度。

5.1.3　高坝岩基消能冲刷简介

　　最后附上一张闸坝互相关联的高坝岩基消能冲刷示意图(见图 5-6)。除上述平原地区水闸利用消力池水跃漩滚消能外,还可利用高速水流鼻坎挑流远处消能冲刷。冲刷深度远近是否影响建筑物安全,估算方法可参考文献[4]。

　　山区高坝的溢洪道、泄洪洞等的出流消能,多采用鼻坎挑流经鼻坎挑向空中再落到较远的山谷岩基上,若挑流集中,虽经空中掺气消能,仍将不及依赖水体本身的紊动漩滚消能来得有效,因此落入下游的水股将造成岩基冲刷。同样,拱坝顶的自由跌流,如果下游水垫没有足够的水深或加以防护,岩基也将发生冲刷。下面举两个典型实例说明岩基冲刷的过程。

　　巴基斯坦的塔贝拉(Tarbela)坝的一个溢洪槽挑流鼻坎,类同图 5-6(a)。其下游为裂隙破碎石灰岩,1975 年第一次泄洪流量为 9 000 m³/s,在鼻坎后冲成长 250 m、宽 200 m 的大坑,运行不到两周冲深 30 m,局部达 50 m。后来,最大冲深超过了 70 m,而且在继续冲深,不得不用混凝土加锚筋将坑面衬砌加固基岩。

　　赞比亚的卡里巴(Kariba)拱坝顶自由跌流,6 个 9 m×9 m 闸孔泄洪流量为 8 400 m³/s,1962 年冲深 26 m,1972 年冲深达 85 m,70 年代的 10 年内将完好的片麻岩冲走 30 万 m³。虽然经常有 20 m 以上深度的尾水垫,但消能扩散作用小。百米水头落差下的自由跌流水束穿过百余米的水深仍有极大的冲刷力,说明水垫的缓冲作用甚小。最后以预应力混凝土筑一槽形消力池引导入射流束转向使产生漩滚消能,类同图 5-6(d)所示。

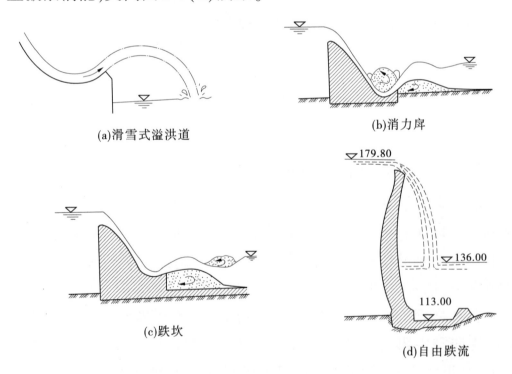

(a)滑雪式溢洪道　　　　　　　　　　(b)消力戽

(c)跌坎　　　　　　　　　　(d)自由跌流

图 5-6　溢流坝或溢洪道消能措施类型

5.2　水闸土基接触冲刷破坏概述

我国贵州省黄果树瀑布自由跌流,类同图 5-6(d) ,瀑布宽 101 m,落差 70 m 左右,最大流量 130 m³/s,落差下面岩基坡中成深潭,水闸泄洪可观测流速冲刷险情,而地下渗流冲蚀冲刷隐患,却看不见,只能依靠渗流坡降估算隐患险情的可能性。所以发生突然破坏失事险情,几乎都是渗流冲(蚀)刷所致。而且认为渗流沿水闸地下轮廓接触冲刷是导致破坏的薄弱环节。据调查破坏实例,最早布莱(Bligh,1910)给出各种土基上建闸渗径长度与水头比值 $L/H = 18 \sim 4$(细砂 ~黏土)的直接比例法安全设计值。随后莱恩(Lane ,1934)调查分析提出水平渗径 L_x 是垂直渗径长度 L_z 的 1/3 的加权计算渗径长度 L 的设计方法。即计算式 $L = \dfrac{1}{3}L_x + L_z$,并给出各种土基渗径长度与水头 H 比值的设计安全值 $L/H = 8.5 \sim 1.6$(粉细砂~坚实黏土)。后来丘加也夫(Chugaef ,1956)调查实例分析又结合阻力系数法计算提出垂直渗径不是固定等于 3 倍水平渗径长度的修正设计方法等,说明对于水闸地下轮廓设计安全的发展和提高。但是我国在 20 世纪后半期的设计规范还包括高坝扬压力计算,还是那样保守,甚至采用一个世纪前的布莱直接比例法,与土坝边坡等设计规范还采用一个世纪前的静水压力算法有点类似。这是值得注意的有关民生工程安全的普遍性问题,也是忽视学术发展的问题。

沿闸基土层接触面薄弱环节的渗流冲刷发展过程与前所述堤基管涌险情发展基本相同,只是也不像堤基管涌渗流边界那样简单。沿闸坝基底轮廓渗流比较复杂。这里举出两例,都以流网表示土基和沿闸坝地下轮廓的渗流趋势。图 5-7 是平底闸闸基渗流流网图代表一般的平底闸两端板桩或短截墙防渗,下游是水平排水出口情况。图 5-8 是前端板桩防渗,下游是减压井列垂直排水情况,土基是水平渗透系数 10 倍于垂直渗透系数的各向异性流网。从这代表性两闸的流网图都可看出,沿垂直板桩的流线或等势线分布比闸底板水平轮廓的等势线(虚线)分布集中,说明垂直防渗效果远比水平渗径大,从而就可说明前人布莱、丘加也夫等调查分析提出垂直防渗效果大于水平渗径3倍或不同倍数左右的合理性。同时分析图5-7的流网,可以看出等势线和流线都远离闸坝底板而被吸引到深层,说明消力池尾部打的一排减压井所形成的垂直排水帷幕作用很大;它不仅能使坝底扬压力(浮托力)大为减小,而且使沿坝底接触面的渗流坡降和下游出口坡降也显著降低。

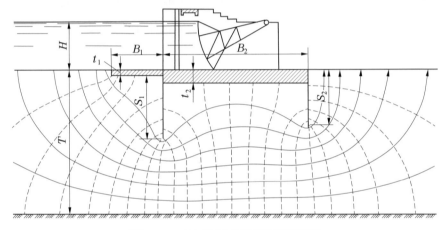

图 5-7　平底闸闸基渗流流网

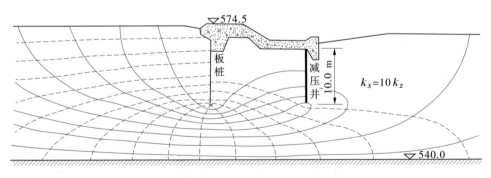

图 5-8　闸坝地基渗流各向异性场的流网($k_x = 10k_z$)

　　沿闸底渗流隐患唯一可观察到的下游渗流出口是关键部位,与堤基管涌类同。如果发生管涌冒砂,浑水就会向上游发展导致水闸的破坏。因此必须保护渗流出口的安全,通常都是滤层块石压盖免得上下水流的冲刷,并采用短截墙或板桩降低出口的渗流坡降,如

图 5-9 所示的闸坝下游渗流出口处的流网,沿短截墙的流网等势线集中表示防渗效果大,也表示渗流坡降或渗透力大,最靠近墙边最容易管涌。

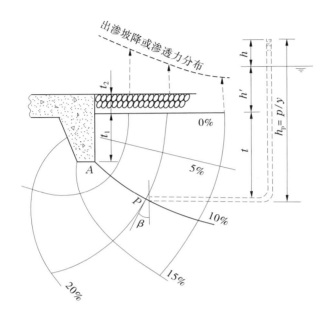

图 5-9　闸坝下游渗流出口处的流网

以上主要介绍闸基渗流破坏的部位,并以流网说明渗流坡降是水力破坏的主力,也就是渗流速度($v=kJ$)或渗透力($F=\gamma_w J$)的大小。所以说流网是描述渗流场各水力要素:坡降、流速、渗透力、水头压力、底板扬压力等最完善的图案。它也是核算渗流险情最可靠的资料。但是迄今还有人不太理解流网的含义,认为流网中的水头压力是静水压力,不是动水压力。这可能是受反对渗透力、动水压力学派的影响(见 4.10 节中的小结讨论)。这个渗流场水压力概念不清的问题,目前仍然普遍存在,对闸坝稳定性安全有很大影响,也影响不少技术规范的编写。例如《建筑边坡工程技术规范》(GB 50330—2002),可能是看到了岩土学报院士主编写的“焦点论坛”反对渗透力和动水压力,严厉批评写道:“甚至国家标准《建筑边坡工程技术规范》(GB 50330—2002) 也采用了动水压力算法”之后,就再版 GB 50330—2013 删去了动水压力算法。其他有渗流稳定性算法的《设计规范》也大都是误解把渗流场写成是静水压力分布。这是值得注意的,因为差别很大(见《岩土工程学报》2017 年第 11 期讨论文等)。

5.3　水闸失事破坏险情调查分析

5.2 节是从概念上说明水闸破坏险情的薄弱环节,介绍了莱恩(Lane,1934)等调查闸底板地下轮廓的防渗效果,认为沿垂直段的防渗效果强于水平段 3 倍左右,也就是沿垂直段单位长度的水头损失大于水平段的 3 倍左右,以渗流坡降表示,即 $J_z/J_x = 3$ 左右,此项比值可称为垂直效力。本节也就介绍我们调查水闸失事破坏险情分析成果(见参考文献[4]附录英文篇),供防洪期间了解水闸破坏的可能性。

5.3.1　粉细砂地基水闸破坏险情调查分析

中华人民共和国成立初期,20 世纪 50 年代,我们调查了水闸破坏险情及发生破坏的水闸 36 座,并做了详细的比较分析,其中有 6 座破坏失事,都是在粉细砂地基上的,如表 5-1 所示。同时将各家的渗流坡降值算出附于表 5-1 中,在下面讨论比较,也把各闸的破坏过程整理于下文供参考。

表 5-1　粉细砂地基渗流破坏的水闸调查分析

闸名	地下轮廓线（m）		最大水头 H（m）	计算平均坡降		水平段坡降 J_x	垂直效力 J_z/J_x	地基土质
	L_x	L_z		莱恩 J	丘氏 J			
潘堡闸	14	2	1.5	0.225	0.064	0.073	3.3	粉砂
两柴闸	32	1	2.3	0.197	0.055	0.065	3.6	粉砂
叮当河涵闸	48	1	3.5	0.206	0.061	0.066	5.3	粉砂
秦淮河闸	40	10	3.0	0.129	0.056	0.07	2.4	粉细砂
涡河闸	59	24	10.0	0.23	0.1	0.125	1.2	细砂
秦厂引黄闸	55	15	11.4	0.34		0.107		细砂

表 5-1 中的水闸失事过程说明如下:

(1)潘堡闸在江苏东台县,3 孔,1960 年 6 月建成,8 月 13 日关闸到水位差 1 m 左右时,即发现护坦前冲陷;短时最大水头到过 1.5 m,上游水面有漩涡,下游出浑水,扭曲面翼墙开裂沉陷,1 h 后向西侧倒塌。当时认为原因是施工时龙沟未挖下去,排水不好,浇筑底板时上水,有淘空现象;岸墙后填砂不好,暴雨后沉陷未加处理;底板与岸墙接头在西北角的紫铜皮止水不良,发现冒浑水。

(2)两柴闸在江苏沭阳县,净宽 8 m 的单孔闸,1976 年年底建成,放水几天即于 1977 年 2 月 22 日倒坍。倒坍时水位差 2 m,首先看到消力池中冒浑水,上游两侧边水面有漩涡,下游左右翼墙先破坏,闸下沉约 1 m。倒闸原因认为是施工时排水不当,流砂现象严重,造成地基淘空的隐患;翼墙与闸底消力池间未做好止水;出口也无反滤层防护;三向绕渗严重。

(3)叮当河涵闸在江苏灌云县,3 孔,1971 年建成,1974 年消力池前沿冒浑水,水头 3~4 m,底板下淘空,涵洞洞身下沉断裂;后又加固修复并将不透水护坦加长 26 m。失事原因认为是翼墙和底板之间止水不好,洞身垂直伸缩缝也未考虑止水,施工时有流砂现象。

(4)秦淮河节制闸在南京,6 孔,有一道木板桩长 4 m。1960 年 9 月建成,使用后经过水头 $H = 3$ m 的考验,发现闸底板和护坦裂缝(2~5 mm),有粉砂渗漏到消力池中;1970 年时,底板已沉陷 5 cm,曾灌水泥浆并加厚底板修补。

(5)涡河节制闸在安徽蒙城,12 孔,中间两孔为深孔,其他为浅孔,底板前端用混凝土板桩截断厚 11 m 的细砂层,边岸为深 6 m 的木板桩。底板下有滤层排水两道,并有纵向排水互相沟通(见图 5-10)。1958 年春建成,随即蓄水达设计水位,由于渗径短造成地基淘空破坏,闸身崩溃时声响如雷,岸墙闸墩均倾倒河中,为中型大闸破坏的罕例。

(6)秦厂引黄扩建闸在郑州人民胜利渠上首,6 孔,闸首前有长

5 m 的木板桩一道。1958 年建成后放水一天即发现一堤之隔的东干渠渐变段块石底板裂缝,向外冒水带砂,扭曲面墙上也有裂隙 6~7 cm,排水孔也冒浑水,几天之内涌砂三四十立方米。当时总干渠与东干渠的水位差 4.5 m,细砂层上堤基宽约 25 m,因此破坏临界坡降 $J_x = \dfrac{4.5}{25} = 0.18$,较一般闸底板的接触冲刷的破坏坡降为高。表 5-1 中所列为沿闸底板渗流破坏的参考值。

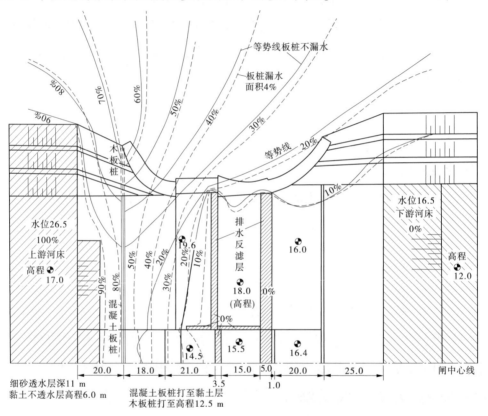

图 5-10　涡河闸电模拟试验底板等势线分布 （单位:m）

表 5-1 中所列闸底板水平段的渗透坡降是根据试验或近似计算的,例如改进阻力系数法是依据参考文献[13][4]求得的,并知调查与室内试验值是相当一致的。同时从表中数据 J_x 可知,对非黏性土的颗粒愈细愈不稳定的特征表现得甚为合理;而莱恩 J 值表现得并不太明确。在表 5-1 中还可看出垂直效力取固定值也是不合理的。至于表 5-1 中的丘氏方法计算的平均水力坡降则是根据

阻力系数法或电模拟试验流网求出阻力系数后代入公式计算的;计算各破坏水闸的平均坡降远小于丘氏给出表 5-1 中的允许值,说明丘氏建议的允许坡降值偏大很多。另外,根据流网分析,板桩截墙设在渗流最集中的部位,其垂直效力最大,设在闸底板中部效力最差;而且随透水地基的深度而差别增大。但是根据莱恩的方法,板桩无论设在何处都是一样,对地下轮廓线设计的优劣起不到鉴别作用。

5.3.2　涡河闸失事原因试验研究分析

表 5-1 所示为涡河上的节制闸,因地基渗流破坏失事一例。因为该闸较大,地基粉细中砂分布不同,设计高低孔,排水滤层高低纵横复杂难施工,水头又高(10 m),开始放水就发生振动,管理人员离开不远,就爆炸崩溃,很引人注意,只进行了三向电模拟试验,结果如图 5-10(为竣工图)所示。

由图 5-10 所示试验成果说明板桩漏水和三向绕渗的影响。从图示等势线分布可见,当打至黏土层(黏土层以上为粉砂和细砂地基,厚 11 m)的混凝土板桩缝漏水时(漏水面积假定为 4%),闸底板大部分区域的浮托力和渗流坡降的绝对值都比不漏水时增加一倍以上,板桩的防渗效果显著减小。此外对于两侧岸延伸的一段木板桩,由于切断细砂深度只约一半,防渗作用极小(等势线只前移 2%)。上游防渗黏土铺盖(长 10 m)在板桩前面的相对长度很短时,效果也极微小(闸底板上等势线差约 2%)。

该闸完工蓄水不久,即因地基破坏而全部崩溃。由图 5-10 的资料可看出,除边孔底板因受三向绕渗作用其渗流坡降较大外,深孔与浅孔底板间的纵向排水层也是造成三向渗流集中的一个通道,在两纵向排水层间的深孔闸底板平均渗流坡降已超过 0.2,局部和出口坡降更大,这个数值不仅为底板接触面冲刷的爬路长度规定所不允许,而且在右半闸基较松的粉砂淤泥土质情况下(左半地基为中细砂),地基也可能发生管涌冲蚀,尤其在完全与闸底板面齐平的排水层出口处,渗流坡降是很大的(理论上的平底出口坡降为无限大),因此若施工质量差,工程就易遭失败。从避免三向集中渗流的观点上看,排水层布置应沿原来渗流的等势线安设,并宜在水平滤层前加一短截墙。

由上述电模拟试验确定的涡河闸失事原因主要是沿底板渗径长度短或渗流坡降大,对照表 5-1 的分析,就是最保守的莱恩方法规定的粉细砂地基渗流坡降不能超过 0.18,而该闸是 $J= 0.23$,超过安全值很多。特别是按照薄弱环节水平段渗流坡降不能超过砂模试验值 0.07 比较合理。其次要求下游出口坡降不能超过 0.3。

最后对涡河闸的失事,虽然做了板桩漏水的试验,但是检查失事后的混凝土板桩缝被细砂填塞非常密实,因此只能说主要是三向绕流影响更加剧了渗流坡降。再看水头高达 10 m,一开闸放水,流速高达 14 m/s,河床冲刷可能也有影响。

关于消除三向绕渗影响的措施,可在下游尾水面下开一排冒水孔,墙外贴一层粗砂深至砂基作为排水通道,或墙外打一排减压井深至砂层排水,墙内排水出口;再者就是闸底板侧打板桩,深浅都有效果,与上游板桩连接,下游边滤层排水,滤层前一道浅截墙。

5.3.3　各种土基上水闸调查分析

除对粉细砂上的失事破坏水闸调查分析外,还对各种土基上正常运用中的水闸进行了调查分析,简述如下(详见参考文献[7]):

关于土基上水闸的调查,除已破坏闸在上面叙述分析外,再对正常使用中的水闸做同样分析比较,又可发现一些问题。调查分析表 5-1 中的闸底板水平段平均渗透坡降 J_x 为利用改进阻力系数法计算,或是电模拟试验的成果。

由调查所列粉细砂和中粗砂地基上的 15 座水闸分析,按照莱恩方法计算地下轮廓的加权平均渗透坡降 J 与表 5-1 中的允许值对照,即可发现有 13 座超过允许值,甚至有的水闸其 J 值比允许值加倍,水闸还没有发生问题,这就说明莱恩方法的不可靠和保守性。

同时由表 5-1 列的闸底板水平段渗透坡降 J_x 可发现都在上述破坏闸的临界值以内,而且也在室内试验允许值之内,足以证明应该考虑薄弱环节水平段的合理性。

由调查表所列黏壤土地基上的 15 座水闸,都没有板桩,只有短齿墙,其垂直效力为 5~10;都远比莱恩假定的 3 大。如果与莱恩的允许 J 值对照,也将有个别的闸处于危险状态。但是据调查,所有黏土地基上的闸,还没有一个发生渗透破坏的;同样说明莱恩方法偏于保守。如果按照 J_x 考虑问题,都显示着与地基土质有一个较好的规律。而且最大 $J_x < 0.2$,距黏土的接触冲刷破坏值尚远,说明黏土地基上建闸存在着极大的浪费。同时由表列的邵仙闸电模拟试验资料,考虑下层土比上层土透水性稍强一些时,J_x 值就比均质土减小几乎一倍;而这种地层情况,莱恩 J 值是没有区别的。

在调查中没有列出丘加也夫方法计算的平均坡降值,这是因为计算结果都远小于他所建议的允许值,对于已在安全运用的水闸说明不了问题,只有用表 5-1 的破坏水闸来检验丘氏方法是偏于危险的,特别是粉细砂地基上的闸坝。

5.3.4　接触冲刷试验研究

由上述水闸失事破坏调查分析,认为不能采用渗径长度的平均坡降概念来控制偶然性抗渗强度,而考虑控制破坏的关键性位置是水平段渗流坡降,故再进行接触冲刷试验研究。

闸坝地下轮廓基本上是由垂直和水平两种构件组成的,如图 5-11 所示。因为一般的板桩截墙面受土压力作用,接触比较密实,其抗渗强度宛如土体内部一样;而水平底板与其下的土却存在接触冲刷的薄弱环节,其抗渗强度远比垂直面小,这个特点已为很多试验所论证。例如绕板桩渗流的砂模型试验结果,向上渗流的平均坡降约为 1 时,土体表面始发生隆起浮动破坏,而一坝地下轮廓沿垂直面渗流的实有平均坡降常小于 1,故可不予考虑,只要检验水平接触冲刷的安全性就够了。根据平底板下细砂层的接触冲刷试验,细砂填铺较松,板上压重。经过 5 次渗流破坏试验,临界坡降均在 0.09~0.13,可以取平均值为 0.1。此外对于砾石层下细砂试验临界坡降为 0.09~0.16,砾卵石下细砂试验坡降为 0.09~0.3,以及中粗砂接触冲刷试验坡降稍大。经验证闸基细砂取临界坡降 0.1 是合理的。

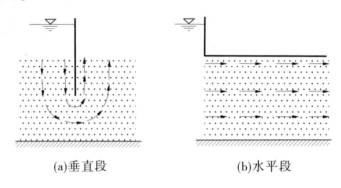

(a)垂直段　　　　　　　　　　(b)水平段

图 5-11　闸坝地下轮廓的组成构件

因为接触冲刷导致的最后破坏与下游出口管涌有密切联系,若在出口铺设滤层保护,沿底板渗流的平均坡降提高到 0.61,还没有完全破坏。对于黏土接触冲刷也进行了试验,垂直壁面松软,黏土接触冲刷临界坡降为 1.56,水平面接触软黏土有 1 mm 缝隙时临界坡降为 0.6 等(详见参考文献[7])。

5.4　水闸调研分析后的安全渗流坡降

经过水闸调查分析,再结合水平构件、垂直构件砂模型的接触冲刷临界坡降的已有试验成果,就可制订出土基上闸基渗流安全坡降,如表 5-2 所示。

运用表 5-2 设计或检验水闸渗流冲蚀是否安全的方法,首先要计算沿底板土基接触各关键点的渗流水头(有限元程序计算或试验或改进阻力系数法近似计算);然后计算水平段的渗流坡降 J_x 和下游出口向上渗流坡降 J_0(沿渗径单位长度的水头损失,即渗流坡

降 J);再对照表 5-2 判断是否安全。

表 5-2　各种土基上水闸设计的允许渗流坡降

地基土质类别	允许渗流坡降	
	水平段 J_x	出口 J_0
粉砂	0.05~0.07	0.25~0.30
细砂	0.07~0.10	0.30~0.35
中砂	0.10~0.13	0.35~0.40
粗砂	0.13~0.17	0.40~0.45
中细砾	0.17~0.22	0.45~0.50
粗砾夹卵石	0.22~0.28	0.50~0.55
砂壤土	0.15~0.25	0.40~0.50
黏壤土夹砂礓土	0.25~0.35	0.50~0.60
软黏土	0.30~0.40	0.60~0.70
较坚实黏土	0.40~0.50	0.70~0.80
极坚实黏土	0.50~0.60	0.80~0.90

　　至于沿闸底板的板桩截墙垂直渗径接触面的渗流坡降,不必考虑,它总是大于水平渗径的坡降,而且只有在其下游的水平段发生管涌冲蚀后,才有可能发生冲蚀。所以只要考虑水平段薄弱环节的渗流坡降就可以了。但垂直段是减轻水平段坡降的最有效措施。

　　如果知道板桩的垂直效力,即相当于几倍水平渗径长度的防渗效果,则可粗略估计总的换算水平渗径长度 L_x',例如底板两端不深的板桩或截墙,深度为 S_1 和 S_2,其垂直效力约 3 倍于水平长度,则换算总的水平渗径长度为

$$L_x' = L_x + 3L_z = L_x + 3(2S_1) + 3(2S_2) \qquad (5-1)$$

　　若已知闸底板水平段长度 $L_x = 50$ m,$S_1 = 5$ m,$S_2 = 2$ m,则相当于换算水平渗径总长度为 $L_x' = 92$ m,水头 $H = 10$ m 时,$J_x = 10/92 = 0.11$,大于表 5-2 中的粉细砂 $J_x = 0.07$;下游渗流出口剩余水头按换算渗径长度直接比例计算为 $10 \times (3 \times 2) / 92 = 0.66$(m),出渗坡

降$J_0 = 0.66/2 = 0.33$,大于表 5-2 中的 0.30。一般情况,水头较小,只要下游渗流出口有 2 m 的截墙即可满足坡降的要求。出口加压盖滤层也可提高坡降近半。由式(5-1)计算,可知两端的短板桩截墙是降低水平段渗流坡降 J_x 的有效措施。闸基砂层浅时,最好截断。但闸底板中间打板桩,其垂直效力就很小。详见参考文献[7]。

小结:土基上闸坝因渗流冲刷(蚀)破坏失事的必要充分两个条件,缺一不可,如下所述:

(1)沿地下轮廓水平段渗流坡降大于临界值或安全值(见表 5-2)。需要渗流计算或粗略估计如图 5-12 所示,按照沿板墙两侧渗径长度的 3 倍展开为水平渗径,与原有水平段合计,作为地下轮廓总的水平渗径长度 L'_x[见式(5-1)],再去除上下游水头差 H 作为水平渗流坡降 $J_x = H/L'_x$,对照表 5-2 是否大于临界或安全的水平坡降。

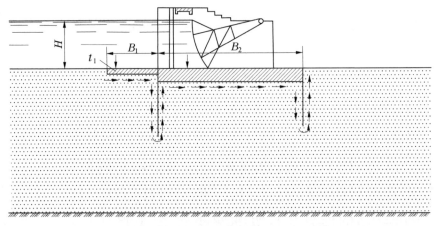

图 5-12　沿地下轮廓渗流冲刷示意图

(2)下游渗流出口的渗流坡降是否大于临界值或安全值(见表 5-2)。计算或估算下游出口剩余水头。按照换算水平渗径长度直接比例关系算出口渗流坡降。因为出口管涌可以观察到,所以也就成为防洪的首要任务,一定要滤层防护出口,又要防止地上水流的冲刷。但若管涌出口不在警戒范围内,即不会向上游冲蚀发展形成管涌通道,没有上述必要条件(1)的危险,自然也就不必抢险。

现举图 5-12 所示粉细砂地基上的水闸,说明上述沿地下轮廓渗流冲刷安危的必要充分两个条件的估算,结果如下:

前后两板桩 $S_1 = 3.5$ m, $S_2 = 2.5$ m,两水平段长度为 $L_{x1} = 2$ m, $L_{x2} = 7$ m,水头 $H = 3$ m,则代入式(5-1)总的换算水平渗径长度 $L'_x = 2 + 7 + 3 \times (2 \times 3.5) + 3 \times (2 \times 2.5) = 45$(m),水平渗径的渗流坡降 $J_x = \dfrac{H}{L'_x} = \dfrac{3}{45} = 0.067 < 0.07$,对照表 5-1,可知安全。下游出口板桩 S_2 向上剩余水头 $h = \dfrac{3S_2}{L'_x}H = \dfrac{3 \times 2.5}{45} \times 3 = 0.5$(m),渗流出口坡降 $J_0 = \dfrac{0.5}{2.5} = 0.2 < 0.25$,小于表 5-2 中的安全值。此例估算有精确的渗流计算结果,见前文图 5-7 所示的流网,可互相比较。按照流网等势线(虚线)24 个网格可知每网格是水头 $\dfrac{3}{24} = 0.125$ m,闸底板长 7 m。有 4 个网格,则水平渗流坡降 $J_x = \dfrac{0.125 \times 4}{7} = 0.07$;下游渗流出口沿板桩向上渗流 6 个网格计算出口渗流坡降应为 $J_0 = \dfrac{0.125 \times 5}{2.5} = 0.25$,可知估算结果对照流网相当一致。

此上述土基接触冲刷破坏两个条件,对于闸坝、土坝、堤防等都能适用。例如细砂地基,其水平渗流接触冲刷破坏临界坡降为 0.1,安全值为 0.07;下游管涌出口临界坡降为 0.3,安全值为 0.25。对于江河堤防黏性土层下粉细砂水平渗流破坏坡降临界值也是 0.1,安全值为 0.07;向上冲破覆盖土层发生管涌的临界坡降是 1,安全值为 0.7。同样,其他土基上的建筑物有渗流问题的也可参照上述两个条件,对照表 5-2 权衡其安全性。例如,江都水闸下游左岸翼墙在 1991 年洪水时因侧岸绕渗水头较高,墙脚冒出细砂管涌,翼墙裂缝,就是采用滤层压盖抢险的。像这样的水闸翼墙内外水头差大,墙脚底部渗径短,发生管涌冲蚀裂缝倾斜的,在江苏省灌溉渠上水闸也都有过,也采用抽水降压的方法。

附录 A　冲刷公式应用说明

在本手册中有多项引用冲刷公式核算分析有关险情的发生、发展等问题,但不知其来源可靠性,因此把引用的冲刷公式来源应用写在附录中供参考(见参考文献[4])。

1.冲刷基本公式

根据出闸水流开始进入冲刷河床时的水流动量方程建立的微分方程式,结合水流沿底剪切应力冲刷河床的机制和泥沙起动关系推导求解(见图 A-1),最后得出河床冲刷水面以下深度 T 的基本公式:

$$T = \varphi \frac{q\sqrt{2\alpha - y/h}}{\sqrt{(s-1)gd}\,(h/d)^{1/6}} \tag{A-1}$$

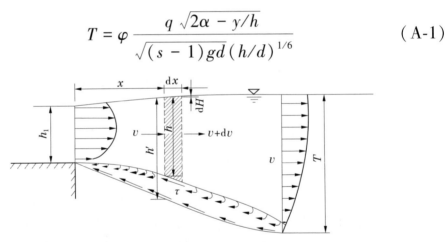

图 A-1　局部冲刷水流作用力

式中:分子项为水流冲刷条件,冲刷因子 q 为横向扩散水流的最大单宽流量,$\sqrt{2\alpha - y/h}$ 为竖向流速分布的流态(底流或面流)参数,或称其为流态指标,其中 α 为流速分布不均匀的动量修正系数,h 为水深,y 为最大流速的高度,$y=h$ 即为面流式,$y=0$ 即为底流式;分母项为河床抗冲刷条件,d 为砂砾石河床的颗粒直径,s 为颗粒比重,g 为重力加速度,因子根号项为河床颗粒的重力阻动作用,指数项 $(h/d)^{1/6}$ 为相对水深或河床的相对糙率的作用;φ 为冲刷系数,因泄水建筑局部冲刷类型边界不同,其值也有不同,需要依靠试验资料确定。因此,可把冲刷系数 φ 理解为水流边界条件,与紊动、漩涡程度等有关的影响因素。

例如,闸坝下游河床冲刷试验资料最多,40 个水工模型试验 219 组冲刷深度资料点绘的关系直线求得 $\varphi = 0.66$,如图 A-2 所示。同样,其他不同冲刷类型的 φ 值都列入表 A-1,并结合其已知的流态参数代入基本公式,求得简化公式也列入表 A-1,供计算时应用

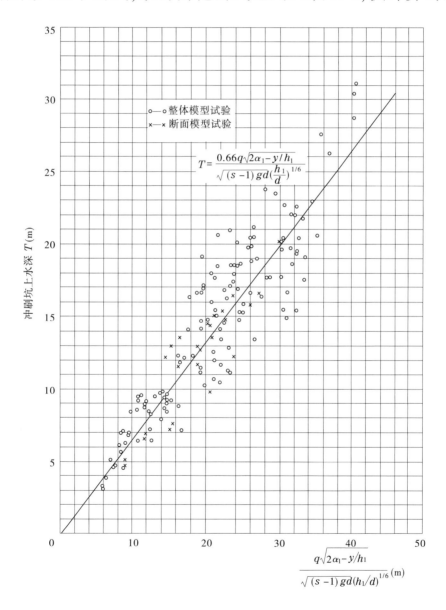

图 A-2　闸坝下游冲刷资料验证(公式中的冲刷系数 $\varphi = 0.66$)

参考。式中砂砾石直径 d 的单位应与水深 h 的单位一致,都是 m,对于粉砂河床,因为已有黏性,冲刷深度应较公式计算冲刷深度稍小。由此各类型冲刷试验得出的冲刷系数都是比例常数关系,说明推导的基本冲刷公式能推广应用到各类型局部冲刷问题。

表 A-1　各种冲刷类型的系数值及其计算公式

冲刷类型	冲刷系数 φ	流态参数 $\sqrt{2\alpha - y/h}$	简化冲刷公式
闸坝下游冲刷	0.66	1.05~1.73	$T = \dfrac{0.164q\sqrt{2\alpha - y/h}}{\sqrt{d}(h/d)^{1/6}}$
尾槛后跌流块石海漫冲刷	0.9	1.48	$T = \dfrac{0.331q}{\sqrt{d}(h/d)^{1/6}}$
桥墩及桥座处冲刷	0.7	1.24	$T = \dfrac{0.215q}{\sqrt{d}(h/d)^{1/6}}$
河湾凹岸冲刷	0.6	1.14	$T = \dfrac{0.17q}{\sqrt{d}(h/d)^{1/6}}$
围堰或堵口缩流处冲刷	0.5	1.22	$T = \dfrac{0.151q}{\sqrt{d}(h/d)^{1/6}}$
平底闸上游冲刷	0.4	1.26	$T = \dfrac{0.125q}{\sqrt{d}(h/d)^{1/6}}$

续表 A-1

冲刷类型	冲刷系数 φ	流态参数 $\sqrt{2\alpha - \dfrac{y}{h}}$	简化冲刷公式
均匀河道普遍冲刷	0.36	1.12	$T = \dfrac{0.1q}{\sqrt{d}\,(h/d)^{1/6}}$

注:(1)q 为护坦末端的最大单宽流量,至于桥墩、缩流、河湾等处的冲刷也应取局部的最大单宽流量。对于多孔水闸就必须齐步开启闸门,使左右水流平均分布,不可开放个别闸门发生左右漩涡的集中水流显著增大局部单宽流量 q,冲击堤岸,甚至殃成决口险情(见图 1-22),而且也不能在下游尾水位低水浅时($v=q/h$),免得发生越尾槛跌流底流式的流态(见图 5-2),将对河床或块石冲击力大,冲刷最为严重。因此对水闸管理提出一定的开关闸门要求,也说明冲刷公式中的消能扩散因素的重要性。

(2)T 为尾水面以下的冲坑深度。

(3)简化冲刷公式是以土粒比重 $s=2.65$,$g=9.8$ m/s^2 代入基本公式算得的,故简化公式中的护坦末端水深 h_1 及土粒或块石直径 d 的单位都应为 m。对于不均匀粒径的河床,可取 d_{85}。

2. 不冲或起动临界流速 v_c 的公式

此时在上面的冲刷深度基本公式中,$T=h$,$q=v_c h$,在闸坝下游水流经过消能的面流式流态参数可取的 $\sqrt{2\alpha - y/h} = 1.1$,代入基本公式可得

$$v_c = 1.38\sqrt{(s-1)gd}\,(h/d)^{1/6} \qquad (A\text{-}2)$$

或不冲时的粒径

$$d = \frac{v_c^3}{[1.38\sqrt{(s-1)g}]^3\sqrt{h}} \qquad (A\text{-}3)$$

式中:系数 1.38 是由基本冲刷公式中的流速分布不均匀修正系数 $\alpha=1.1$ 得到的,若是流速均匀分布,$\alpha=1$ 代入基本公式就得到 1.51,用此系数计算的 v_c 值稍大,需要的不冲块石 d 稍小。若以 $s=2.65$ 和 $g=9.8$ m/s^2 代入式(A-2),则式(A-2)为

$$v_c = 5.55\sqrt{d}\,(h/d)^{1/6} \qquad (A\text{-}4)$$

至于不确切知道水深与河床颗粒大小比值关系，对于闸坝下游消能较好的抛石防冲河床，也可把式（A-4）近似写为下式，式中系数 6 用于浅水，系数 8 用于深水（$h/d \geqslant 10$）。

$$v_c = (6 \sim 8) \sqrt{d} \qquad (\text{A-5})$$

可以直接由平均流速计算不冲块石直径 d 的大小。同样，由表 A-1 中的冲刷水流类型公式都可算出 v_c 与不冲块石大小之间的关系式。

例如，消能不好，出池尾槛后水位低，形成表 A-1 中的跌流式流速分布的底流式流态参数 $\sqrt{2\alpha - y/h} = 1.48$，冲刷系数 $\varphi = 0.9$，这是冲刷最严重的一种流态形式（见图 5-2），代入基本公式可得尾槛后抛块石海漫的冲刷深度公式为

$$T = \frac{1.33q}{\sqrt{(s-1)gd}\,(h/d)^{1/6}} \qquad (\text{A-6})$$

以 $s = 2.65$, $g = 9.8 \text{ m/s}^2$ 代入式（A-6）即得表 A-1 中的简式。其相应的不冲或起动临界流速公式以 $q = v_c h$, $T = h$ 代入基本公式可得：

$$v_c = \frac{q}{h} = 0.75\sqrt{(s-1)gd}\left(\frac{h}{d}\right)^{1/6} \qquad (\text{A-7})$$

式（A-7）越尾槛跌流底流式水流冲刷较严重的情况也可引用到堆石坝、防坡堤、围海堵口，以及土坝块石护面护坡的冲刷起动临界流速或单宽流量的计算。设块石比重 $s = 2.65$, $g = 9.8 \text{ m/s}^2$，则上式的块石平均直径的简化式为

$$d = \frac{v_c^3}{27.4\sqrt{h}} = \frac{(q/h)^3}{27.4\sqrt{h}} \qquad (\text{A-8})$$

3. 堆石坝漫顶水流冲刷

图 A-3 为堆石坝漫顶水流冲刷试验，下游坡顶坝肩块石最易被冲下滑。

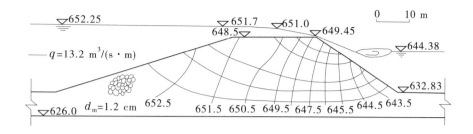

图 A-3　堆石坝漫顶水流冲刷试验

堆石坝逐渐堆高,越坝顶水流将形成临界水深 $h = (q^2/g)^{1/3}$,以此 h 值代入式(A-7)可解得抛块石大小 d 值。再考虑斜面 θ 角的下滑稳定性,则可引入 $\cos\theta$ 项,最后得到堆石坝下游,坝顶以下坡面块石大小公式如下:

$$d = \frac{(q^2/g)^{1/3}}{\left[0.75\sqrt{(s-1)\cos\theta}\right]^3} \tag{A-9}$$

式中:q 为堆石坝过水单宽流量,包括坝顶溢流和渗透水量。

设块石比重 $s = 2.65, g = 9.8$ m/s^2 代入式(A-9)简化可得:

$$d = \frac{0.522q^{2/3}}{(\cos\theta)^{3/2}} \tag{A-9a}$$

如果计算堆石坝顶块石稳定性,则 $\cos\theta = 1$,块石大小为

$$d = 0.522q^{2/3} \tag{A-9b}$$

式(A-9b)块石大小简式,如果结合正文中堆石坝试验资料图 3-10、图 3-11,把算得块石大小 d 值点入图中曲线比较,就可知算式与试验结果基本一致。

如果 $q > 2$ m^3/(s·m),1:1.5 斜坡抛石大小就需要 $d = 1$ m 才可稳定。关于块石的不冲临界流速公式,苏联的伊斯巴什公式、德国的哈通公式常被引用,但那些公式都是在实验室固定水深($h \leqslant 1$ m)情况下的试验结果,没有考虑水流愈深,v_c 随深度成指数或对数关系愈稍增的问题。

4. 土坝漫顶水流冲刷

此时可不计渗流,测定漫顶过水流量($q=vh$),代入上面堆石坝式(A-9)计算土坝下游坡顶最易冲坏的块石大小。对于土坝来说,此处 d 是黏性土坝的等效粒径,可引用下面的公式[式(A-10)]或查表 A-2 计算得出与抗冲等效粒径 d 相应的黏性土类别(黏聚力 c 值或土类)。或者先由已知土坝的类别(c 值)代入式(A-10)算出等效粒径 d,再代入式(A-9)算出漫顶过水不冲临界流量 q,作为土坝是否发生冲刷的依据。此项临界水流也可由宽顶堰公式计算,大于此值就要发生冲刷,甚至有冲刷决口溃坝的可能。

如果土坝或堤防坡面有块石护坡,则可直接用 d 值计算;草皮护坡,也可由其抗冲流量或流速核算坝顶过水不冲流量。

表 A-2　各种土质的抗冲等效粒径

土质种类		抗冲等效粒径 (mm)	水深 1 m 时的 抗冲流速(m/s)
松散体的砂、砾、石		按实有粒径 d_{85} 计算	式(A-2),$h=1$
粉土、砂淤土或夹有粉细砂土		0.2~0.5	0.35~0.48
粉质壤土、黄土、黏土质淤泥或夹有砂层	不密实	0.5~1	0.48~0.6
	较密实	1~2	0.6~0.76
	很密实	2~4	0.76~0.95
粉质黏土、壤土夹有较多砂礓土	不密实	2~4	0.76~0.95
	较密实	4~8	0.95~1.2
	很密实	8~12	1.2~1.37
黏土、粉质黏土、夹砂礓或铁锰结核	不密实	8~12	1.2~1.37
	较密实	12~20	1.37~1.63
	很密实	20~40	1.63~2.05
胶结岩土、风化岩石破碎带		30~50	1.86~2.21

5. 黏性土质河床冲刷

按照下面的抗冲等效粒径 d 代入上面基本冲刷公式计算冲刷

深度或不冲临界流速。例如引用土力学黏聚力指标 c 的计算公式：

$$d = 0.34c^{5/2} \tag{A-10}$$

式中：c 为黏聚力，kg/cm^2；d 为等效粒径，m。

一般土质河床，多是闸坝下游消能较好面流式的缓流，则可将等效粒径 d 代入表 A-1 中的闸坝下游冲刷公式中流态参数 $\sqrt{2\alpha - y/h} = 1.1$ 计算河床冲刷深度，代入式（A-2）计算不冲临界流速。再者还可以查表 A-2 中的等效粒径 d 互相比较。表中的试验 1 m 水深的不冲临界平均流速 v_{c1}，可用来计算实际水深 h 的临界流速 v_c，如下式（因 v_c 正比于 $h^{1/6}$）：

$$v_c = v_{c1}h^{1/6} \tag{A-11}$$

关于多泥沙河流浑水冲刷问题，则可结合流速与含泥沙量关系计算，上述各类冲刷问题，例如，黄河下游河道实测冲淤平衡流速与含泥沙量的关系曲线，取其下包线以策安全时，可得出黄河冲积土多泥沙水流 1 m 水深的抗冲临界流速 v_{c1} 的公式为

$$v_{c1} = 0.4 + 6.5\sqrt{P} \tag{A-12}$$

式中：v_{c1} 为 1 m 水深的抗冲临界流速，m/s；P 为含泥沙量，以含泥沙浓度的重量比值表示。

将式（A-12）代入式（A-3）算出抗冲等效粒径 d，然后代入冲刷公式计算冲深（见参考文献[4]黄河泄洪闸实例）。

6. 岩基冲刷估算

根据调查岩基破碎裂隙等不同抗冲刷能力最差到强的资料分析，经过引用 35 项工程实例的岩基冲刷资料，代入冲刷基本公式反求等效粒径 d 的结果，得知其值主要取决于岩体的完整性及断层、节理裂隙及破碎带的存在，并可归纳相应的等效粒径如下，以便引用有关冲刷式（A-13）计算冲坑水深。

岩性松软，裂隙发育，有断层破碎带 $d = 0.05 \sim 0.2$ m；

岩基较坚硬，裂隙较发育，有小断层 $d = 0.2 \sim 0.5$ m；

岩基坚硬完整，节理裂隙不发育 $d = 0.5 \sim 0.9$ m。

关于岩基冲刷问题,除把它转换为抗冲等效粒径 d 外,还要考虑冲刷水流流态问题。一般高速水流可表示如图 A-4 的面流、挑流、跌流三种形式。需要根据冲刷基本公式中的消能因素选用相应的演化公式计算,举例如下。

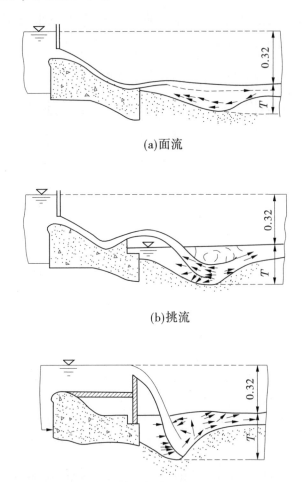

(a)面流

(b)挑流

(c)跌流

图 A-4　三种流态的模型冲刷试验示意图

例如不脱离水体的面流式流态,则可代入闸坝下的消能较好的河床冲刷式,岩基破碎抗冲较差时,可设 $d=0.2$ m,代入表 A-1 中的公式,设已知单宽流量 $q=18$ m³/(s·m),平均流速 $v=q/h=18/4=4.5$ (m/s),水深 $h=4$ m,流态参数 $\sqrt{2\alpha-y/h}=1.1$,则算得冲刷深度 $T=4.4$ m。代入其相应的不冲临界流速式(A-2)得 $v_c=4.1$

m/s,小于流速 4.5 m/s,说明大于 v_c,应稍冲深河床 4.4-4.0=0.4（m）。

高坝岩基冲刷多是把高速水流挑入空中再跌入下游河床山谷,如图 5-6 所示,此时应考虑水舌跌入水面的角度 β 及跌入水面的单宽流量 q,近似代入表 A-1 中尾槛后跌流式冲刷公式:

$$T = \frac{1.33q}{\sqrt{(s-1)gd\cos\beta}\,(h/d)^{1/6}} \tag{A-13}$$

7. 问题讨论

上述由水力学动量方程推导的冲刷基本公式,包括水力因素（单宽流量 q、流速分布 v 和水深 h）比较全面合理,可以推广应用到各类型冲刷问题,应用时必须结合消能扩散采用水流开始进入冲刷河床的 q、v、h,一般经验公式多是包括 q、v 或水头 H 中个别水力因素,所以都有其局限性,而且很少考虑水深 h 影响。例如习惯用的伊斯巴什（Isbash,1936）、哈通（Hatung,1972）等的水流冲动石块的起动流速公式都是 v_c 与石块大小 d 的直接关系。只能局限用于试验水槽的水深情况,因为上面推导式（A-2）等已经说明水深 h 愈大,其相应的 v_c 就稍增大,石块就不容易冲动（见参考文献[4]）。

同样,泥沙冲淤平衡问题,国内研究文献都把试验结果绘成起动流速 v_c 与粒径 d 相关的,类同 Shields 马鞍形曲线,也应是局限于水槽试验水深,详见参考文献[3],因为这个水深问题比较普遍,不妨再说明一下。如图 A-5 所示为长江实测的沿水深的流速分布曲线,其平均流速是 AB 线,若水深减半,流速分布以虚线表示,其平均流速仍为 AB 时,可知底部的流速要比水深时大。而且影响河床冲刷的又是沿底流速,或称为剪流速、摩擦流速、临底流速等。所以同等的平均流速,水浅容易冲刷。需要研究与河床糙率（粒径大小）有关的临底剪流速。例如希尔兹（Shields,1936）的泥沙起动试验成果的马鞍形曲线,纵坐标就是包括剪流速在内的希尔兹数,因为是一个没有量纲尺度的纯数,就可推广应用到实际。所以直到现在,国外研究泥沙问题的文献还在引用。但是也有其缺点,就是剪流速靠近河床的确切位置难定,实用性差。还是把希尔兹数转换成相应水深的起动平均流速引用方便、确切(详见参考文献[3])。

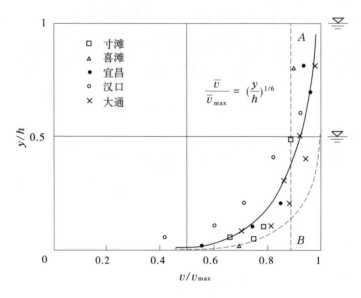

图 A-5　长江实测流速分布

附录 B　渗流中的渗透力和动水压力问题

　　这本《防洪抢险参考手册》中有多处是渗流作用下发生的险情,涉及渗流计算问题,但算法对渗流水压力的概念还有争论。因此最后附上有关管涌、滑坡、黏土固结沉降三方面渗流险情,特别是水压力概念不清问题,便于识别验算险情的发生和发展。

　　1. 渗流水压力概念不清问题

　　渗透力和动水压力是渗流场的主要渗流作用力,也是主要的经常性破坏力,对堤坝水库边坡工程等的安全有决定性的作用。如果认识不清、设计不当,就会发生滑坡、管涌,甚至江河决口、水库溃坝的灾难性险情。

　　关于渗流水压力问题,在学术界确实存在概念不清的问题。在权威性刊物上,为此争论不休 30 多年,严重影响学术发展和设计规范、土力学教材的编写等,自然也就会影响到水利民生工程的合理设计和安全,因此必须把那些概念不清问题提出来,主要有如下情况:

　　(1)不理解渗透力,说它是虚构的(《岩土工程学报》2003 年第 6 期《焦点论坛》"莫把虚构当真实")。

　　(2)不理解滑坡计算的渗透力有限元算法,说它是必须积分,很烦琐等。

　　(3)不理解滑坡计算中的孔隙水压力在渗流场各点都是动水压力,认为是静水压力,甚至说它是无方向的标量。

　　(4)不理解渗流水压力必须是动水压力分布,说稳定渗流是静水压力。

　　(5)不理解流网代表的就是动水压力分布。

　　(6)不理解渗流,认为水库涨水荷载黏土层固结问题是地面排水,固结止于静水压力或零压等的概念性错误。

（7）不理解动水压力与渗透力之间的区别及它们之间的转换关系，把渗透力算式说成是动水压力方程。

（8）不理解动水压力转换成的渗透力公式是土力学开拓者太沙基首先提出来的简便算法，是一大贡献，它可以与静水压力转换成浮力等于排水重的阿基米德原理相提并论，所以有期刊载文号召岩土界反对渗透力、动水压力算法。

以上对水压力概念问题，认为"不理解"主要是渗流水力学的观点，而且认为土力学中的孔隙水压力也必须服从水力学的基本原理。希望能与土力学派互相讨论，提高双方的学术水平。但缺少讨论平台，门户偏见仍然严重，又出现了期刊载文号召岩土界反对渗透力、动水压力，并特别指出国家标准边坡规范加以批评。于是《建筑边坡工程技术规范》（GB 50330—2002）编者再版（GB 50330—2013）时删去了动水压力算法，改为静水压力算法。也有为再版解释表示赞成（理由是原版算式不符合静水压力），也有不赞成（建议再版算式应采用流网中的等势线的力）的。在一篇讨论文（《岩土工程学报》2019 年第 1 期）中还特别提出了两个计算公式加以解释，式（1）是原版中的动水压力 P 的算式，式（2）是再版规范中的静水压力 U 的算式。关于式（1）除提出不能用于静水压力的意见外，有一段文字和量纲分析说明式（1）动水压力等于渗透力，显然是错误的。量纲分析论证动水压力（面力）与渗透力（体积力）的量纲 MLT^{-2} 相同，就说渗透力等于动水压力也是错误的，所以得出错误的结论，甚至说土力学应取缔动水压力。因此，必须弄清这个动水压力算式是不成立的，应当是渗透力算式。为了说明这个问题，不妨再把 Terzaghi 的渗透力推导过程写在下面，对照一看就明白式（1）不是动水压力算式了。量纲分析问题从牛顿力学第二定律知，MLT^{-2} 是力的量纲。关于式（2）的静水压力算式，是近一个世纪前的算法。总之，讨论迄今仍然说明不理解水压力概念上的严重性。这对水压力问题原则性的概念错误，既不理解渗流场必须是动水压力,又不理解流网为动水压力,需要再讨论弄清楚,免得影响水利民生工程的建设。所以我们写了《关于边坡规范再版的再讨论》一文,这较全面总结性的再讨论文,说明自从学报组织讨论反对渗透力,动水压力滑坡算法争论不休 30 多年中有关学术具体问题,并被拒登,阻碍了学术发展。而且还有虚构的内容需要学报更正,科学是实事求是的,不得有半点差错。因此,希望开放性学报刊物都能响应中央办公厅 2019 年 6 月 11 日发布"关于加强学风建设反对门户偏见学阀等"的意见,把这篇论文早日刊登出来公开讨论。同时再写此书结合太沙基提出来的渗透力算法公式说明渗透力与动水压力之间的关系,进一步加强理解它们之间转换关系。

2. 渗透力和动水压力及其转换关系简介

如图 B-1 所示,沿流线方向取断面面积为 dA 的圆柱形基本微管,作为整体浸水饱和土柱研究水头差 dh 驱动下的渗流。因为流速很小,略去惯性力。此时我们只考虑两端动水压力差,即驱动水头 dh,并把它作为土柱两端整个面积上的不平衡压差,也就是认为渗透力是由于沿流线方向的驱动水头或势能水头的降落所造成的,即 $pdA - (p + dp)dA$,因为 $p = \gamma_w h$,则有

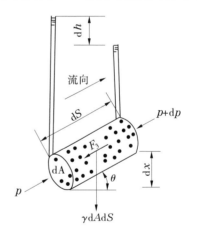

图 B-1　单位渗透力的推导

$$\gamma_w h dA - \gamma_w (h + dh) dA = -\gamma_w dh dA$$

单位体积土体沿流线方向所受的渗透力则为

$$f_s = -\gamma_w \frac{dh}{dA} \frac{dA}{dS} = -\gamma_w \frac{dh}{dS} = \gamma_w J \tag{B-1}$$

对于体积为 V 的土体,沿流线方向的渗透力为

$$F_s = \gamma_w J V \tag{B-2}$$

式(B-1)的单位渗透力简单关系 $f_s = \gamma_w J$ 为太沙基和普日列夫

斯基分别给出的,是一种作用在整个土体上的体积力,普遍作用到渗流场中的所有土粒上,即作用到固相的土骨架边壁。对于岩体裂隙中的渗流,此渗透力即是对裂隙壁面产生的剪应力 $\tau = \dfrac{b}{2}\gamma_w J$, b 为裂隙宽度。

考察上面渗透力公式[式(B-1)]的来源,可知是由水流的外水压力转化为均匀分布的内力或体积力,或者说是由驱动水压力转化为体积力的结果。因为从图 B-1 所示的压力水头差这个外力包括两部分,即 $dh+dz$,其中 dh 可理解为驱动水头;而另一个外力为倾斜水流微管的自重分力水头($-dz$)正好与压力水头中的静水头 dz 抵消,只剩下一个驱动水头 dh,即顺着土柱方向产生渗透力的驱动水压力。同时,土柱周边的静水压力,只对土体起一个浮力或上举力作用,使土体转化为浮重。如果是水平流向,土柱是水平的,$dz = 0$,则沿土柱上下表面的静水压力差正好就是浮力 U,也就是土柱同体积的水重 G,只是方向不同,$U = -G$,因此从图 B-1 所示的土柱作为自由体考虑,就得出边界上的水压力 P 的分布转换为内部的渗透力 F_s 和浮力 U 或反向水重 $-G$ 的结论,以向量式表示如下式所示:

$$\sum \vec{P} = \vec{F_s} + \vec{U} = \vec{F_s} - G \qquad (\text{B-3})$$

式中,$\sum \vec{P}$ 为边界上水压力的向量和。

式是从概念上说明这种等价的计算关系的,也可以用格林定理从数学上加以证明(见参考文献[3]),也有土坝渗流计算例说明这种等价的计算关系(见参考文献[4])。

3. 稳定性计算中渗透力的应用

从式(B-3)力的等价计算关系应用到稳定性计算时可知,外力对应的是饱和土体重,而内力中的浮力可变成土体的浮重。

从这些力的关系可知,在力的平衡计算时必须注意到这个原则:用渗透力计算时与土体浮重相平衡;用土体周边的水压力计算时与土体饱和重相平衡去考虑问题。

这两种等价计算方法,哪一种简便?自然是一个渗透力比几个边界水压力简便。可是岩土学报发文攻击渗透力算法却说"渗透力是体积力,是矢量,孔隙水压力是标量,矢量比标量麻烦,这是常识(《岩土工程学报》2003 年第 6 期"焦点论坛")。这就再次表现对水压力不理解的严重性。因为水压力都是有方向的矢量。不能把力的基本概念三要素(大小、方向、作用点)都忘了。

应用渗透力计算分析渗流场堤坝等的局部集中破坏的管涌问题或整体破坏滑动问题的稳定性,不仅是方便,而且也比边界水压力算法精确,由以上两种等价算法公式可知边界水压力向量和 $\sum \vec{P}$ 遇到不规则的自由体就很麻烦。而只有体积力的一个渗透力 $\gamma_w J$,就很容易,而且水的单位重 γ_w 是个常数,只要计算出自由体稳定时的渗流临界坡降 J 就可以了。渗透力破坏土体安全的三类有关渗流破坏的问题说明计算方法的合理简便性。

1)渗流管涌问题

下面就举例砂砾石各级颗粒发生管涌时的临界渗流坡降算法,此类算法尚无先例,而且如果采用边界水压力算法就很难取得成果。

引用渗透力概念于局部集中渗流破坏的管涌问题,可按照渗透(流)力与土粒浮重间的极限平衡计算求得开始发生管涌的临界坡降。现在为便于引用单位渗透力 $f_s = \gamma_w J$,就以单位体积的土体为研究对象。对于均匀颗粒 d 组成的单位土体,其孔隙率为 n 时的总颗粒数目应为 $\dfrac{6(1-n)}{\pi d^3}$,该单位土体承受的渗透力为 $\gamma_w J$,则每个土颗粒承受的渗透力应为 $\gamma_w J \left/ \dfrac{6(1-n)}{\pi d^3} \right.$;向上渗流时,它与单个颗粒浮重 $\dfrac{\pi d^3}{6}(\gamma_g - \gamma_w)$ 列等式就得出渗流的管涌临界坡降为

$$J_c = (1 - n)(s - 1) = \frac{\gamma'_s}{\gamma_w} \qquad (B-4)$$

式(B-4)就是著名的太沙基公式(terzaghi,1935),适用于流土破坏形式。式中:s 为颗粒比重, $s = \gamma_g / \gamma_w$, γ_g 为颗粒的单位重,一般土粒重为 2.65 g/cm^3, γ_w 为水的单位重(容重)。

对于不均匀颗粒组成的管涌土(见图 B-2),单位土体中的颗粒数目随粒径大小而异。以 d_i 作为计算被渗流冲动某一级颗粒时,其数目应为单位土体颗粒总数目的一个分数,今设此被冲动颗粒 d_i 的数目为 $\dfrac{d_i}{d_{100}} \cdot \dfrac{6(1 - n)}{\pi d_i^3}$, 即含义为:以被冲动颗粒 d_i 作为单位土体均匀颗粒的数目时,颗粒 d_i 愈小,数目就愈多于实有的不均匀颗粒数目,故采用此被冲动颗粒相对于最大颗粒直径的比例的参数 $\dfrac{d_i}{d_{100}}$ 对假想均匀颗粒数目加以修正作为被冲动颗粒 d_i 的数目;当计算到最大颗粒被冲动时 $d_i = d_{100}$,此修正参数等于 1。其次再考虑这一被冲动的计算颗粒组 d_i 的数目所承受的渗透力,它也必然是单位土体渗透力 $\gamma_w J$ 的一部分,设为管涌土料颗分曲线上与计算颗粒 d_i 相对应的纵坐标土重百分数 P_i;因此可知计算颗粒数目所承受的渗透力应为 $P_i \gamma_w J$。对于一个颗粒承受的渗透力应为 $P_i \gamma_w J \bigg/ \left[\dfrac{d_i}{d_{100}} \cdot \dfrac{6(1 - n)}{\pi d_i^3} \right]$,它与一个颗粒的浮重 $\dfrac{\pi d_i^3}{6}(\gamma_g - \gamma_w)$ 相平衡(列等式)就可求得计算管涌冲动某一粒径级 d_i 的临界坡降为

$$J_c = \frac{d_i}{P_i d_{100}}(1 - n)(s - 1) \qquad (B-5)$$

式(B-5)在运用中,查颗分曲线,最粗粒径 d_{100},多是延伸的,任意性较大;此时也可改用 d_{85} 作为最大粒径组。如此,作为最大粒径 d_{85} 所对应的土重百分数也就应作为 100%。

式(B-5)中的 d_i 为计算被渗流冲动的颗粒组,P_i 为颗分曲线上

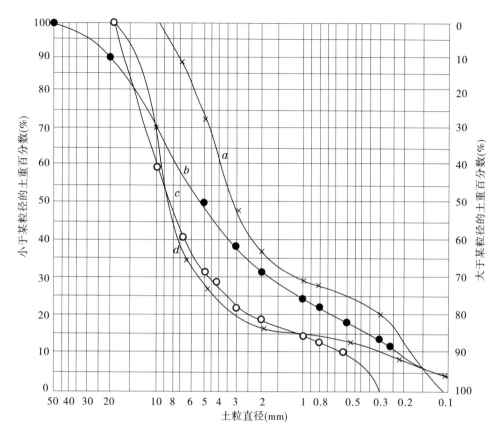

图 B-2 土料颗分曲线

d_i 对应的土重百分数(小数)。按照颗分曲线就可计算各级粒径被冲动时的向上渗流临界坡降。例如图 B-2 中的土料颗分曲线 d,计算细颗粒 $d_i = d_5 = 0.14$ mm 的管涌临界坡降,则以其对应的 $P_i =$ 5% 和最大粒径 $d_{100} = 20$ mm,代入式(B-5)算得 $J_c = \dfrac{0.14}{0.05 \times 20} \times (1-$ $0.322) \times (2.65-1) = 0.157$,$d_i = d_{10} = 0.3$ mm,算得 $J = 0.168$;$d_i = d_{15} = 1$ mm,算得 $J = 0.56$;$d_i = d_{20} = 2.5$ mm,算得 $J = 0.693$。因为公式的推导过程是单个颗粒与渗透力的极限平衡,所以只能适用于管涌土(管涌型破坏)中能自由移动的颗粒部分,也就是在骨架颗粒孔隙间渗流冲动的细颗粒填料部分,其含量一般不超过 35%。因此计算前应先识别是否为管涌土,见前文所述。管涌土在不断增加渗流坡降情况下,会由细到粗逐级冲动流失,最后发生其上的土体或建筑物崩溃。

上面公式计算结果与试验资料验证的资料很多,见参考文献[3]中的第 4 章管涌。

2)渗流滑坡问题

这是一个争论了 30 多年的学术问题,自从黄文熙教授推荐水工渗流组那两篇《滑坡计算渗透力有限元法》(1982 年,2001 年)在发表时就遭到《岩土工程学报》组织讨论反对。到 2003 年《岩土工程学报》第 6 期院士主编写"焦点论坛"号召岩土界反对到了高潮,写道"自从 1982 年《岩土工程学报》第 3 期发表的滑坡论文后,一直有人主张稳定性分析考虑渗透力,许多报刊上发表过类似主张的论文。更有甚者,2002 年发布的国家标准《建筑边坡工程技术规范》还把动水压力分析法列入强制性规范""岩土界的概念混乱现象已经到了非治不可的程度了"。此后《建筑边坡工程技术规范》2013 年再版就删去了动水压力算法。我们认为这种受学报影响删去动水压力算法是一项原则性错误,渗流水压力不理解概念混乱现象确实很严重了。

关于滑坡问题中的渗透力、动水压力算法,岩土学报组织讨论反对,并拒登申辩论文后,我们反映到科学院评理,也石沉大海了。这样就更加助长了不正学风,出现了一些迷信权威的怪现象。无奈为了学术发展,我们就编写了《堤坝安全与水动力计算》这本书,专章专节列举反对学报组织讨论内容,也包括有代表性的组织讨论撰稿人的意见"渗透力必须积分,很繁,不可能采用渗透力算法等",现出了迷信权威的怪现象。但主要还是说明了渗透力有限元算法的优越性和静水压力算法的不合理性。如果结合式(B-3)的等价计算关系,可知两种算法孰优?老算法垂直条分法,计算各土条周边的水压力比较麻烦,而只算土条底部滑动面上的水压力。自然是计算三角形单元土体渗透力简便精确。这本书出版时正是水工渗流与岩土力学学术讨论会在郑州联合举行(2012 年),会后水利部科技培训中心就决定举办"堤坝安全设计与水动力学计算研讨会",并将培训大纲内容 18 项讨论小题发文给相关单位和作者。我们表示非常赞同,并愿意无偿提供该书给研讨会参与者。后来随着时间推延,地点改变,研讨会未能举办,值得思考。而且正要举办研讨会时,这期间出版了《建筑边坡工程技术规范》再版(2013年),特别把原来规范(2002 年)中渗透力、动水压力算法删掉,改为静水压力算法。这是一项原则性错误,因为渗流场都是动水压力,没有静水压力。由此就更加说明水利部科技培训中心为《堤坝安全与水动力学计算》的学术观点举办研讨会的必要性。希望能克服困难,成功举办原计划的研讨会。必然会有学术发展、科技创新、水利民生工程设计合理和水平提高的效果。

　　虽然我们那篇滑坡论文 1982 年正式发表在岩土学报就被学报组织讨论反对,但却开始了国内渗流研究方面采用数值计算有限元法的先例,也是要取代盛行半个多世纪的电模拟试验的开端。所以也引起了渗流学术界的注意,而且水利部也很重视,接着就于 1983、1984 两年组办渗流考察团前往欧美各有关研究单位和大学进行考察访问,并邀请德、匈、美等国的渗流专家来华讲学。其中德国渗流专家 Luckner 教授 1983 年秋在南京讲授他的著作《岩土水力学》(Geo-hydraulik,1973)约 10 d,也就是渗流水力学[10]。我们水工渗流组为了总结多年来引用程序验算病险水库的经验,也就于 1999 年编写出版了《渗流数值计算与程序应用》,详细介绍了渗流有限元算法基本原理和应用说明,并附有三个源程序(土石坝渗流有限元程序 UN-SST2、电模拟试验网络程序 NETW、美国的饱和非饱和渗流计算程序 UNSAT)。我们的前两个程序还可以相互验证计算结果。该书出版时美国工程院院士、地下水渗流专家 S. P. Neuman 教授特别写序推荐。现在广泛应用于堤坝水库等的渗流安全计算。已应用该算法于上百座水库实例稳定分析计算中,并经实际工程验证,尤其对于库水位下降下堤坝稳定性计算,与实际情况较为吻合。

3) 渗流固结问题

黏土固结算法和渗透力算法都是土力学开拓者太沙基首先提出来的。他早年注意到行走在海滩淤泥土上,人体会不断下沉的现象,开始试验研究,两年后提出他的一维竖向固结微分方程(Terzaghi, 1923),并求得解析解,解法是采用了总应力是一个常量,只是其中孔隙水压力与有效应力之间的相互消涨,计算简便,已广泛采用。我们也就在他的假定基础上进行研究,主要是求解可压缩非稳定渗流微分方程应用于黏土层固结沉降问题,所以不妨称为渗流固结理论,简要在概念上介绍一下。

渗流固结问题,也是前面介绍的式(B-3)外力等价转换为内力的渗透力挤压土体密实固结的问题,不过这个外力,并不限于土力学中的荷载和地面排水,也可以应用到水库蓄高水位涨水问题及非达西渗流固结沉降问题等,而且也成功应用到西部大开发新疆下坂地水库涨水问题的黏土铺盖固结沉降问题。也有不理解渗流水压力的基本规律,此时并不是土力学中的地面排水,也不是最后固结止于静水压力或零压,而下坂地水库黏土铺盖沉降按土力学算法是2.3 m,按渗流固结算法是1.7 m,误差是35%。希望该法能提到广泛应用,提高堤坝水库等民生工程设计水平,消除洪水险情,将有助于小康社会更加美好。

对渗流固结问题,从概念上考虑,计算渗流水压力要比计算土体有效应力简便精确,因为水是不可压缩的,而土体是可压缩的,求解固结方程计算应力应变,包括确定固结系数等都较烦琐(见钱家欢主编《土工原理与计算》)。不妨以西部大开发的下坂地水库黏土层固结问题两种计算铺盖沉降值1.7 m 和2.3 m 不同结果的算法过程互相比较说明问题的难易和正确性。渗流计算见参考文献[9]。

排水固结问题,实质上就是可压缩非稳定渗流过程;直接引用渗流方程计算分析,可能概念更为清楚明晰。因而较系统整理提出这篇渗流固结理论的算法。同时举例计算与最常用的太沙基固结理论中的实用性三类型黏土层一维排水固结问题解析解互相对比验证了渗流固结理论的可靠性。为了验证引用方便,顺便也求得了太沙基固结问题解析解的三条典型曲线的经验公式。同时还补充了水库蓄高水位时下卧黏土层的渗流固结问题的算法。然后选用有起始坡降的黏土渗流试验资料再提出渗流固结理论的非达西渗流计算方法,并与常规作为达西渗流的算法比较,显著减小了固结沉降值,也延长了固结时间。这些成果,后来也分节编入了参考文献[4]。

渗流固结理论的基本原理是受压土层内部升高水头在排水作用下的逐渐消减,挤压土体排出的水量就是固结沉降量。因此只需要计算渗流场的水头分布和出渗面的排出水量随时间的改变,没有涉及土的应力变形位移等问题。只要认可骨架土粒与水是不可压缩的,渗流固结理论应该是正确可取的简明算法。

4. 结束语

以上所讨论的渗流问题都是土力学开拓者 Terzaghi 首先提出来的,这些有关渗流的算法和他的滤层设计是对土体稳定性计算和防止土体破坏的重要贡献。在他两本有关理论和实用的土力学专著中都有介绍。我们只是在他的研究基础上发展推广,开始引用流网动水压力取代静水压力计算滑坡问题(见《电模拟试验与渗流研究》,1981 年),该书因"文化大革命"运动延迟出版十多年,接着由黄文熙教授推荐在岩土工程学报公开发表的南京水利科学研究院水工渗流组的研究成果(《滑坡计算渗透力有限元法》,1982 年,2001 年),都遭到了学报组织讨论反对。到了 2002 年《岩土工程学报》主编写焦点论坛号召岩土界反对渗透力、动水压力,不理解渗流水压力的现象,甚至迄今为止,还在边坡规范再版删去动水压力算法问题,解释的讨论文中不理解描述渗流场的"流网"是动水压力分布,而且也不理解渗透力与动水压力间的关系,错误论证得出结论说"土力学应取缔动水压力"。如果土力学中没有动水压力的渗流破坏力,那么破坏土体安全的主要经常性的力又是什么力?这就不能不再重复一下土力学开拓者 Terzaghi 的号召岩土界要精通"渗流水力学"的教导。水土之间应当互相学习,要健立学术讨论平台,重视学术讨论的纯洁性,互相讨论,促进水土学科共同发展。

参 考 文 献

［1］ 毛昶熙,段祥宝,毛佩郁.堤防渗流与防冲［M］.北京:中国水利水电出版社,2003.

［2］ 毛昶熙,等.堤防工程手册［M］.北京:中国水利水电出版社,2009.

［3］ 毛昶熙,段祥宝,毛宁.堤坝安全与水动力计算［M］.南京:河海大学出版社,2012.

［4］ 毛昶熙,周名德,柴恭纯,等.闸坝工程水力学［M］.2版.北京:中国水利水电出版社,2018.

［5］ 黄河防汛总指挥办公室.黄河防汛抢险画册［M］.郑州:黄河水利出版社,2002.

［6］ 毛昶熙.渗流计算分析与控制［M］.2版.北京:中国水利水电出版社,2003.

［7］ 毛昶熙.电模拟试验与渗流研究［M］.北京:水利出版社,1981.

［8］ 刘杰.土的渗透破坏及控制研究［M］.北京:中国水利水电出版社,2014.

［9］ 毛昶熙,段祥宝,朱珺峰,等.黏土铺盖的沉降裂缝计算方法［J］.岩土力学,2004(1):50-54.

［10］ 中国水利学会水利工程管理专业委员会.水利工程管理论文集(第1集)［C］.南京:中国水利学会,1981.

［11］ Leonards G A,Narain J. Flexibility of clay and cracking of earth dams［J］. Proc,ASCE,1963,89(SM2):47-70.

［12］ 毛昶熙,李吉庆.关于大坝渗流安全.大坝安全与监测［J］.1992(3).

［13］ 毛昶熙,周保中.闸坝地基渗流计算的改进阻力系数法［J］.水利学报,1980(5).

［14］ 丘加也夫.论渗透力(俄文)［M］.李祖贻,译,渗流译文汇编 第四辑,1963.

［15］ 毛昶熙,段祥宝,李祖贻.渗流数值计算与程序应用［M］.南京:河海大学出版社,1999.

［16］ Kowacs,G..Seepage Hydraulics［M］.Budapest 1981.